中华人民共和国住房和城乡建设部

装配式建筑工程消耗量定额

TY 01－01(01)－2016

中 国 计 划 出 版 社

2016 北 京

图书在版编目（CIP）数据

装配式建筑工程消耗量定额 : TY 01-01(01)-2016 / 浙江省建设工程造价管理总站主编. -- 北京 : 中国计划出版社, 2017.2(2017.4 重印)
ISBN 978-7-5182-0576-9

Ⅰ. ①装… Ⅱ. ①浙… Ⅲ. ①建筑工程－消耗定额 Ⅳ. ①TU723.34

中国版本图书馆CIP数据核字(2017)第031597号

装配式建筑工程消耗量定额
TY 01-01(01)-2016
浙江省建设工程造价管理总站　主编

中国计划出版社出版发行
网址：www.jhpress.com
地址：北京市西城区木樨地北里甲11号国宏大厦C座3层
邮政编码：100038　电话：(010) 63906433（发行部）
北京市科星印刷有限责任公司印刷

880mm×1230mm　1/16　7印张　198千字
2017年2月第1版　2017年4月第2次印刷
印数 4001—8000册

ISBN 978-7-5182-0576-9
定价：41.00元

主编部门:中华人民共和国住房和城乡建设部

批准部门:中华人民共和国住房和城乡建设部

施行日期:2 0 1 7 年 3 月 1 日

住房城乡建设部关于印发《装配式建筑工程消耗量定额》的通知

建标〔2016〕291号

各省、自治区住房城乡建设厅，直辖市建委，国务院有关部门：

为贯彻落实《国务院办公厅关于大力发展装配式建筑的指导意见》（国办发〔2016〕71号）有关“制修订装配式建筑工程定额”的要求，满足装配式建筑工程计价需要，我部组织编制了《装配式建筑工程消耗量定额》，现印发给你们，自2017年3月1日起执行。执行中遇到的问题和有关建议请及时反馈我部标准定额司。

《装配式建筑工程消耗量定额》与《房屋建筑与装饰工程消耗量定额》（TY 01—31—2015）配套使用，原《房屋建筑与装饰工程消耗量定额》（TY 01—31—2015）中的相关装配式建筑构件安装子目（定额编号5—356～5—373）同时废止。

《装配式建筑工程消耗量定额》由我部标准定额研究所组织中国计划出版社出版发行。

中华人民共和国住房和城乡建设部

2016年12月23日

总　说　明

一、为贯彻落实《国务院办公厅关于大力发展装配式建筑的指导意见》(国办发〔2016〕71 号)“适用、经济、安全、绿色、美观”的建筑方针,推进建造方式创新,促进传统建造方式向现代建造方式转变,满足装配式建筑项目的计价需要,合理确定和有效控制其工程造价,制定《装配式建筑工程消耗量定额》(以下简称“本定额”)。

二、本定额适用于装配式混凝土结构、钢结构、木结构建筑工程项目。

三、本定额是完成规定计量单位分部分项、措施项目所需的人工、材料、施工机械台班的消耗量标准,是各地区、部门工程造价管理机构编制建设工程定额确定消耗量,以及编制国有投资工程投资估算、设计概算和最高投标限价(标底)的依据。

四、本定额应与现行《房屋建筑与装饰工程消耗量定额》(TY 01—31—2015)配套使用。本定额仅包括符合装配式建筑项目特征的相关定额项目,对装配式建筑中采用传统施工工艺的项目,应根据本定额有关说明按《房屋建筑与装饰工程消耗量定额》(TY 01—31—2015)的相应项目及规定执行。

五、本定额是按现行的装配式建筑工程施工验收规范、质量评定标准和安全操作规程,根据正常的施工条件和合理的劳动组织与工期安排,结合国内大多数施工企业现阶段采用的施工方法、机械化程度进行编制的。

六、本定额中有关人工的说明及规定。

1. 本定额的人工以合计工日表示,并分别列出普工、一般技工和高级技工的工日消耗量。

2. 本定额的人工包括基本用工、超运距用工、辅助用工和人工幅度差。

3. 本定额的人工每工日按 8 小时工作制计算。

七、本定额中有关材料的说明及规定。

1. 本定额采用的材料(包括构配件、零件、半成品、成品)均为符合国家质量标准和相应设计要求的合格产品。

2. 本定额中的材料包括施工中消耗的主要材料、辅助材料、周转材料和其他材料。

3. 本定额中材料消耗量包括净用量和损耗量。损耗量包括:从工地仓库、现场集中堆放地点(或现场加工地点)至操作(或安装)地点的施工场内运输损耗、施工操作损耗、施工现场堆放损耗等,规范(设计文件)规定的预留量、搭接量不在损耗中考虑。

4. 定额中各类预制构配件均按成品构件现场安装进行编制。

5. 本定额中所使用的砂浆均按干混预拌砂浆编制,若实际使用现拌砂浆或湿拌预拌砂浆时,按以下方法调整:

(1)使用现拌砂浆的,除将定额中的干混预拌砂浆调整为现拌砂浆外,每立方米砂浆增加一般技工 0.382 工日,同时将原定额中干混砂浆罐式搅拌机调整为 200L 灰浆搅拌机,台班含量不变。

(2)使用湿拌预拌砂浆的,除将定额中的干混预拌砂浆调整为湿拌预拌砂浆外,另按相应定额中每立方米砂浆扣除一般技工 0.2 工日,并扣除干混砂浆罐式搅拌机台班数量。

6. 本定额的周转材料按摊销量进行编制,已包括回库维修的耗量。

7. 对于用量少、低值易耗的零星材料,列为其他材料。

八、本定额中有关机械的说明及规定。

1. 本定额中的机械按常用机械、合理机械配备和施工企业的机械化装备程度,并结合工程实际综合确定。

2. 本定额的机械台班消耗量是按正常机械施工工效并考虑机械幅度差综合确定,每台班按 8 小时工作制计算。

3. 凡单位价值2000元以内、使用年限在一年以内的不构成固定资产的施工机械，不列入机械台班消耗量，作为工具用具在建筑安装工程费中的企业管理费考虑，其消耗的燃料动力等已列入材料内。

九、装配式混凝土结构、装配式住宅钢结构的预制构件安装定额中，未考虑吊装机械，其费用已包括在措施项目的垂直运输费中。

十、装配式建筑的措施项目，除本定额另有说明外，应按《房屋建筑与装饰工程消耗量定额》（TY 01—31—2015）有关规定计算，其中：

1. 装配式混凝土结构工程的综合脚手架按《房屋建筑与装饰工程消耗量定额》（TY 01—31—2015）第十七章“措施项目”相应项目乘以系数0.85计算；建筑物超高增加费按《房屋建筑与装饰工程消耗量定额》第十七章“措施项目”相应项目计算，其中人工消耗量乘以系数0.7。

2. 装配式钢结构工程的综合脚手架、垂直运输按本定额第五章“措施项目”的相应项目及规定执行；建筑物超高增加费按《房屋建筑与装饰工程消耗量定额》（TY 01—31—2015）第十七章“措施项目”相应项目计算，其中人工消耗量乘以系数0.7。

3. 装配式木结构工程的综合脚手架按《房屋建筑与装饰工程消耗量定额》（TY 01—31—2015）第十七章“措施项目”相应项目乘以系数0.85，垂直运输费乘以系数0.6。

十一、本定额的工作内容已说明了主要的施工工序，次要工序虽未一一列出，但均已包括在内。

十二、本定额中遇有两个或两个以上系数时，按连乘法计算。

十三、本定额凡注明“××以内”或“××以下”的，均包括“××”本身；注明“××以外”或“××以上”的，则不包括“××”本身。

十四、定额中未注明或省略的尺寸单位，均为“mm”。

十五、本说明未尽事宜，详见各章说明及附注。

目　　录

附录　装配式建筑工程投资估算指标(参考)

第一章　装配式混凝土结构工程

说　　明

一、本章定额包括预制混凝土构件安装和后浇混凝土浇捣两节，共51个定额项目。

二、本章定额所称的装配式混凝土结构工程，指预制混凝土构件通过可靠的连接方式装配而成的混凝土结构，包括装配整体式混凝土结构、全装配混凝土结构。

三、预制构件安装。

1. 构件安装不分构件外形尺寸、截面类型以及是否带有保温，除另有规定者外，均按构件种类套用相应定额。

2. 构件安装定额已包括构件固定所需临时支撑的搭设及拆除，支撑（含支撑用预埋铁件）种类、数量及搭设方式综合考虑。

3. 柱、墙板、女儿墙等构件安装定额中，构件底部坐浆按砌筑砂浆铺筑考虑，遇设计采用灌浆料的，除灌浆材料单价换算以及扣除干混砂浆罐式搅拌机台班外，每10m^3构件安装定额另行增加人工0.7工日，其余不变。

4. 外挂墙板、女儿墙构件安装设计要求接缝处填充保温板时，相应保温板消耗量按设计要求增加计算，其余不变。

5. 墙板安装定额不分是否带有门窗洞口，均按相应定额执行。凸（飘）窗安装定额适用于单独预制的凸（飘）窗安装，依附于外墙板制作的凸（飘）窗，并入外墙板内计算，相应定额人工和机械用量乘以系数1.2。

6. 外挂墙板安装定额已综合考虑了不同的连接方式，按构件不同类型及厚度套用相应定额。

7. 楼梯休息平台安装按平台板结构类型不同，分别套用整体楼板或叠合楼板相应定额，相应定额人工、机械，以及除预制混凝土楼板外的材料用量乘以系数1.3。

8. 阳台板安装不分板式或梁式，均套用同一定额。空调板安装定额适用于单独预制的空调板安装，依附于阳台板制作的栏板、翻沿、空调板，并入阳台板内计算。非悬挑的阳台板安装，分别按梁、板安装有关规则计算并套用相应定额。

9. 女儿墙安装按构件净高以0.6m以内和1.4m以内分别编制，1.4m以上时套用外墙板安装定额。压顶安装定额适用于单独预制的压顶安装，依附于女儿墙制作的压顶，并入女儿墙计算。

10. 套筒注浆不分部位、方向，按锚入套筒内的钢筋直径不同，以ϕ18以内及ϕ18以上分别编制。

11. 外墙嵌缝、打胶定额中注胶缝的断面按20mm×15mm编制，若设计断面与定额不同时，密封胶用量按比例调整，其余不变。定额中的密封胶按硅酮耐候胶考虑，遇设计采用的种类与定额不同时，材料单价进行换算。

四、后浇混凝土浇捣。

1. 后浇混凝土指装配整体式结构中，用于与预制混凝土构件连接形成整体构件的现场浇筑混凝土。

2. 墙板或柱等预制垂直构件之间设计采用现浇混凝土墙连接的，当连接墙的长度在2m以内时，套用后浇混凝土连接墙、柱定额，长度超过2m的，仍按《房屋建筑与装饰工程消耗量定额》（TY 01—31—2015）第五章"混凝土及钢筋混凝土工程"的相应项目及规定执行。

3. 叠合楼板或整体楼板之间设计采用现浇混凝土板带拼缝的，板带混凝土浇捣并入后浇混凝土叠合梁、板内计算。

4. 后浇混凝土钢筋制作、安装定额按钢筋品种、型号、规格结合连接方法及用途划分，相应定额内的钢筋型号以及比例已综合考虑，各类钢筋的制作成型、绑扎、安装、接头、固定以及与预制构件外露钢筋的绑扎、焊接等所用人工、材料、机械消耗已综合考虑在相应定额内。钢筋接头按《房屋建筑与装饰工程消耗量定额》（TY 01—31—2015）第五章"混凝土及钢筋混凝土工程"的相应项目及规定执行。

5. 后浇混凝土模板定额消耗量中已包含了伸出后浇混凝土与预制构件抱合部分模板的用量。

工程量计算规则

一、预制混凝土构件安装。

1. 构件安装工程量按成品构件设计图示尺寸的实体积以“m^3”计算,依附于构件制作的各类保温层、饰面层的体积并入相应构件安装中计算,不扣除构件内钢筋、预埋铁件、配管、套管、线盒及单个面积≤0.3m^2的孔洞、线箱等所占体积,构件外露钢筋体积亦不再增加。

2. 套筒注浆按设计数量以“个”计算。

3. 外墙嵌缝、打胶按构件外墙接缝的设计图示尺寸的长度以“m”计算。

二、后浇混凝土浇捣。

1. 后浇混凝土浇捣工程量按设计图示尺寸以实体积计算,不扣除混凝土内钢筋、预埋铁件及单个面积≤0.3m^2的孔洞等所占体积。

2. 后浇混凝土钢筋工程量按设计图示钢筋的长度、数量乘以钢筋单位理论质量计算,其中:

(1)钢筋接头的数量应按设计图示及规范要求计算;设计图示及规范要求未标明的,ϕ10 以内的长钢筋按每 12m 计算一个钢筋接头,ϕ10 以上的长钢筋按每 9m 计算一个钢筋接头。

(2)钢筋接头的搭接长度应按设计图示及规范要求计算,如设计要求钢筋接头采用机械连接、电渣压力焊及气压焊时,按数量计算,不再计算该处的钢筋搭接长度。

(3)钢筋工程量应包括双层及多层钢筋的“铁马”数量,不包括预制构件外露钢筋的数量。

3. 后浇混凝土模板工程量按后浇混凝土与模板接触面的面积以“m^2”计算,伸出后浇混凝土与预制构件抱合部分的模板面积不增加计算。不扣除后浇混凝土墙、板上单孔面积≤0.3m^2的孔洞,洞侧壁模板亦不增加;应扣除单孔面积≥0.3m^2的孔洞,孔洞侧壁模板面积并入相应的墙、板模板工程量内计算。

一、预制混凝土构件安装

1.柱

工作内容：支撑杆连接件预埋，结合面清理，构件吊装、就位、校正、垫实、固定，座浆料铺筑，搭设及拆除钢支撑。

计量单位：10m³

定额编号				1-1
项目				实心柱
名称			单位	消耗量
人工	合计工日		工日	9.340
	其中	普工	工日	2.802
		一般技工	工日	5.604
		高级技工	工日	0.934
材料	预制混凝土柱		m³	10.050
	干混砌筑砂浆 DM M20		m³	0.080
	垫铁		kg	7.480
	垫木		m³	0.010
	斜支撑杆件 ϕ48×3.5		套	0.340
	预埋铁件		kg	13.050
	其他材料费		%	0.600
机械	干混砂浆罐式搅拌机		台班	0.008

2.梁

工作内容：结合面清理，构件吊装、就位、校正、垫实、固定，接头钢筋调直，搭设及拆除钢支撑。

计量单位：10m³

定额编号				1-2	1-3
项目				单梁	叠合梁
名称			单位	消耗量	
人工	合计工日		工日	12.730	16.530
	其中	普工	工日	3.819	4.959
		一般技工	工日	7.638	9.918
		高级技工	工日	1.273	1.653
材料	预制混凝土单梁		m³	10.050	—
	预制混凝土叠合梁		m³	—	10.050
	垫铁		kg	3.270	4.680
	松杂板枋材		m³	0.014	0.020
	立支撑杆件 ϕ48×3.5		套	1.040	1.490
	零星卡具		kg	9.360	13.380
	钢支撑及配件		kg	10.000	14.290
	其他材料费		%	0.600	0.600

3. 板

工作内容:结合面清理,构件吊装、就位、校正、垫实、固定,接头钢筋调直、焊接,搭设及拆除钢支撑。

计量单位:$10m^3$

定额编号				1-4	1-5
项目				整体板	叠合板
名称			单位	消耗量	
人工	合计工日		工日	16.340	20.420
	其中	普工	工日	4.902	6.126
		一般技工	工日	9.804	12.252
		高级技工	工日	1.634	2.042
材料	预制混凝土整体板		m^3	10.050	—
	预制混凝土叠合板		m^3	—	10.050
	垫铁		kg	1.880	3.140
	低合金钢焊条 E43 系列		kg	3.660	6.100
	松杂板枋材		m^3	0.055	0.091
	立支撑杆件 $\phi48 \times 3.5$		套	1.640	2.730
	零星卡具		kg	22.380	37.310
	钢支撑及配件		kg	23.910	39.850
	其他材料费		%	0.600	0.600
机械	交流弧焊机 32kV·A		台班	0.349	0.581

4. 墙

工作内容：支撑杆连接件预埋，结合面清理，构件吊装、就位、校正、垫实、固定，接头钢筋调直、构件打磨、座浆料铺筑、填缝料填缝，搭设及拆除钢支撑。

计量单位：$10m^3$

定额编号				1-6	1-7	1-8	1-9
项目				实心剪力墙			
				外墙板		内墙板	
				墙厚(mm)			
				≤200	>200	≤200	>200
名称			单位	消耗量			
人工	合计工日		工日	12.749	9.812	10.198	7.921
	其中	普工	工日	3.825	2.971	3.059	2.376
		一般技工	工日	7.649	5.941	6.119	4.753
		高级技工	工日	1.275	0.900	1.020	0.792
材料	预制混凝土外墙板		m^3	10.050	10.050	—	—
	预制混凝土内墙板		m^3	—	—	10.050	10.050
	垫铁		kg	12.491	9.577	9.990	7.695
	干混砌筑砂浆 DM M20		m^3	0.100	0.100	0.090	0.090
	PE 棒		m	40.751	31.242	52.976	40.615
	垫木		m^3	0.012	0.012	0.010	0.010
	斜支撑杆件 $\phi48 \times 3.5$		套	0.487	0.373	0.377	0.289
	预埋铁件		kg	9.307	7.136	7.448	5.710
	定位钢板		kg	4.550	4.550	3.640	3.640
	其他材料费		%	0.600	0.600	0.600	0.600
机械	干混砂浆罐式搅拌机		台班	0.010	0.010	0.009	0.009

注：预制墙板安装设计需采用橡胶气密条时，橡胶气密条材料费可另行计算。

工作内容：支撑杆连接件预埋，结合面清理，构件吊装、就位、校正、垫实、固定，接头钢筋调直、构件打磨、座浆料铺筑、填缝料填缝，接缝处保温板填充，搭设及拆除钢支撑。

计量单位：10m³

<table>
<tr><td colspan="4">定 额 编 号</td><td>1-10</td><td>1-11</td><td>1-12</td><td>1-13</td></tr>
<tr><td colspan="4" rowspan="4">项　　目</td><td colspan="2">夹心保温剪力墙外墙板</td><td colspan="2">双叶叠合剪力墙</td></tr>
<tr><td colspan="2">墙厚(mm)</td><td rowspan="2">外墙板</td><td rowspan="2">内墙板</td></tr>
<tr><td>≤300</td><td>>300</td></tr>
<tr></tr>
<tr><td colspan="3">名　　称</td><td>单位</td><td colspan="4">消　耗　量</td></tr>
<tr><td rowspan="4">人工</td><td colspan="2">合计工日</td><td>工日</td><td>10.370</td><td>9.427</td><td>17.583</td><td>14.387</td></tr>
<tr><td rowspan="3">其中</td><td>普工</td><td>工日</td><td>3.111</td><td>2.828</td><td>5.275</td><td>4.316</td></tr>
<tr><td>一般技工</td><td>工日</td><td>6.222</td><td>5.656</td><td>10.550</td><td>8.632</td></tr>
<tr><td>高级技工</td><td>工日</td><td>1.037</td><td>0.943</td><td>1.758</td><td>1.439</td></tr>
<tr><td rowspan="13">材料</td><td colspan="2">预制混凝土夹心保温外墙板</td><td>m³</td><td>10.050</td><td>10.050</td><td>—</td><td>—</td></tr>
<tr><td colspan="2">预制混凝土双叶叠合墙板</td><td>m³</td><td>—</td><td>—</td><td>10.050</td><td>10.050</td></tr>
<tr><td colspan="2">垫铁</td><td>kg</td><td>9.234</td><td>8.393</td><td>16.360</td><td>16.360</td></tr>
<tr><td colspan="2">干混砌筑砂浆 DM M20</td><td>m³</td><td>0.100</td><td>0.100</td><td>—</td><td>—</td></tr>
<tr><td colspan="2">保温岩棉板 A 级</td><td>m³</td><td>0.039</td><td>0.070</td><td>—</td><td>—</td></tr>
<tr><td colspan="2">PE 棒</td><td>m</td><td>24.476</td><td>22.248</td><td>—</td><td>—</td></tr>
<tr><td colspan="2">垫木</td><td>m³</td><td>0.015</td><td>0.015</td><td>0.013</td><td>0.013</td></tr>
<tr><td colspan="2">六角螺栓带螺母(综合)</td><td>kg</td><td>—</td><td>—</td><td>8.080</td><td>8.080</td></tr>
<tr><td colspan="2">松杂板枋材</td><td>m³</td><td>—</td><td>—</td><td>0.038</td><td>0.038</td></tr>
<tr><td colspan="2">斜支撑杆件 ϕ48×3.5</td><td>套</td><td>0.360</td><td>0.327</td><td>0.350</td><td>0.350</td></tr>
<tr><td colspan="2">预埋铁件</td><td>kg</td><td>6.880</td><td>6.254</td><td>13.420</td><td>13.420</td></tr>
<tr><td colspan="2">定位钢板</td><td>kg</td><td>3.734</td><td>3.394</td><td>—</td><td>—</td></tr>
<tr><td colspan="2">其他材料费</td><td>%</td><td>0.600</td><td>0.600</td><td>0.600</td><td>0.600</td></tr>
<tr><td>机械</td><td colspan="2">干混砂浆罐式搅拌机</td><td>台班</td><td>0.010</td><td>0.010</td><td>—</td><td>—</td></tr>
</table>

工作内容：支撑杆连接件预埋，结合面清理，构件吊装、就位、校正、垫实、固定，接头钢筋调直、构件打磨、座浆料铺筑、填缝料填缝，接缝处保温板填充，搭设及拆除钢支撑。

计量单位：$10m^3$

定额编号				1-14	1-15	1-16
项目				外墙面板（PCF板）	外挂墙板	
					墙厚（mm）	
					≤200	>200
名称			单位	消耗量		
人工	合计工日		工日	23.953	19.519	14.067
	其中	普工	工日	7.186	5.856	4.220
		一般技工	工日	14.372	11.711	8.440
		高级技工	工日	2.395	1.952	1.407
材料	预制混凝土外墙面板（PCF板）		m^3	10.050	—	—
	预制混凝土外挂墙板		m^3	—	10.050	10.050
	垫铁		kg	24.528	21.066	15.322
	干混砌筑砂浆 DM M20		m^3	0.100	0.100	0.100
	保温岩棉板 A 级		m^3	0.179	—	—
	PE 棒		m	56.537	55.840	40.615
	垫木		m^3	0.015	0.020	0.020
	斜支撑杆件 $\phi48 \times 3.5$		套	0.832	0.821	0.598
	预埋铁件		kg	15.893	15.697	11.417
	定位钢板		kg	8.624	—	—
	其他材料费		%	0.600	0.600	0.600
机械	干混砂浆罐式搅拌机		台班	0.010	0.010	0.010

5.楼　梯

工作内容:结合面清理,构件吊装、就位、校正、垫实、固定,接头钢筋调直、焊接,灌缝、嵌缝,搭设及拆除钢支撑。

计量单位:10m³

定额编号				1-17	1-18
项目				直行梯段	
				简支	固支
名称			单位	消耗量	
人工	合计工日		工日	15.540	16.880
	其中	普工	工日	4.662	5.064
		一般技工	工日	9.324	10.128
		高级技工	工日	1.554	1.688
材料	预制混凝土楼梯		m³	10.050	10.050
	低合金钢焊条 E43 系列		kg	—	1.310
	垫铁		kg	18.070	9.030
	干混砌筑砂浆 DM M10		m³	0.270	0.140
	垫木		m³	0.019	—
	松杂板枋材		m³	—	0.024
	立支撑杆件 ϕ48×3.5		套	—	0.720
	零星卡具		kg	—	9.800
	钢支撑及配件		kg	—	10.470
	其他材料费		%	0.600	0.600
机械	交流弧焊机 32kV·A		台班	—	0.125
	干混砂浆罐式搅拌机		台班	0.027	0.014

6.阳台板及其他

工作内容:支撑杆连接件预埋,结合面清理,构件吊装、就位、校正、垫实、固定,接头钢筋调直、焊接,构件打磨、座浆料铺筑、填缝料填缝,搭设及拆除钢支撑。　**计量单位**:$10m^3$

定额编号				1-19	1-20	1-21	1-22
项目				叠合板式阳台	全预制式阳台	凸(飘)窗	空调板
名称			单位	消耗量			
人工	合计工日		工日	21.700	17.250	18.320	23.870
	其中	普工	工日	6.510	5.175	5.496	7.161
		一般技工	工日	13.020	10.350	10.992	14.322
		高级技工	工日	2.170	1.725	1.832	2.387
材料	预制混凝土阳台板		m^3	10.050	10.050	—	—
	预制混凝土凸窗		m^3	—	—	10.050	—
	预制混凝土空调板		m^3	—	—	—	10.050
	垫铁		kg	5.240	2.620	18.750	5.760
	低合金钢焊条 E43 系列		kg	6.102	3.051	3.670	6.710
	干混砌筑砂浆 DM M20		m^3	—	—	0.160	—
	PE 棒		m	—	—	36.713	—
	垫木		m^3	—	—	0.021	—
	斜支撑杆件 $\phi48\times3.5$		套	—	—	0.360	—
	立支撑杆件 $\phi48\times3.5$		套	2.730	1.364	—	3.000
	预埋铁件		kg	—	—	13.980	—
	定位钢板		kg	—	—	7.580	—
	松杂板枋材		m^3	0.091	0.045	—	0.100
	零星卡具		kg	37.310	18.653	—	41.040
	钢支撑及配件		kg	39.850	19.925	—	43.840
	其他材料费		%	0.600	0.600	0.600	0.600
机械	交流弧焊机 32kV·A		台班	0.581	0.291	0.350	0.639
	干混砂浆罐式搅拌机		台班	—	—	0.016	—

工作内容:支撑杆连接件预埋,结合面清理,构件吊装、就位、校正、垫实、固定,接头钢筋调直、焊接,构件打磨、座浆料铺筑、填缝料填缝,搭设及拆除钢支撑。 **计量单位:**10m³

定额编号				1-23	1-24	1-25
项目				女儿墙		压顶
				墙高(mm)		
				≤600	≤1400	
名称			单位	消耗量		
人工	合计工日		工日	20.499	15.282	19.660
	其中	普工	工日	6.150	4.585	5.898
		一般技工	工日	12.299	9.169	11.796
		高级技工	工日	2.050	1.528	1.966
材料	预制混凝土女儿墙		m³	10.050	10.050	—
	预制混凝土压顶		m³	—	—	10.050
	垫铁		kg	19.975	7.434	27.257
	低合金钢焊条 E43 系列		kg	4.590	1.708	—
	干混砌筑砂浆 DM M20		m³	0.318	0.113	0.427
	PE 棒		m	23.359	23.375	—
	垫木		m³	0.019	0.014	0.010
	斜支撑杆件 $\phi48\times3.5$		套	0.636	0.473	—
	预埋铁件		kg	24.411	18.333	—
	定位钢板		kg	7.097	2.640	—
	零星卡具		kg	—	—	20.520
	钢支撑及配件		kg	—	—	21.920
	其他材料费		%	0.600	0.600	0.600
机械	交流弧焊机 32kV · A		台班	0.437	0.163	—
	干混砂浆罐式搅拌机		台班	0.032	0.011	0.043

7. 套筒注浆

工作内容：结合面清理、注浆料搅拌、注浆、养护、现场清理。　　　　**计量单位**：10个

定额编号				1-26	1-27
项目				套筒注浆	
				钢筋直径(mm)	
				≤φ18	>φ18
名称			单位	消耗量	
人工	合计工日		工日	0.220	0.240
	其中	普工	工日	0.066	0.072
		一般技工	工日	0.132	0.144
		高级技工	工日	0.022	0.024
材料	灌浆料		kg	5.630	9.470
	水		m^3	0.560	0.950
	其他材料费		%	3.000	3.000

8. 嵌缝、打胶

工作内容：清理缝道、剪裁、固定、注胶、现场清理。　　　　**计量单位**：100m

定额编号				1-28
项目				嵌缝、打胶
名称			单位	消耗量
人工	合计工日		工日	6.587
	其中	普工	工日	1.976
		一般技工	工日	3.952
		高级技工	工日	0.659
材料	泡沫条φ25		m	102.000
	双面胶纸		m	204.000
	耐候胶		L	31.500
	其他材料费		%	3.000

二、后浇混凝土浇捣

1. 后浇混凝土浇捣

工作内容：浇筑、振捣、养护等。 计量单位：$10m^3$

定额编号				1-29	1-30	1-31	1-32
项目				梁、柱接头	叠合梁、板	叠合剪力墙	连接墙、柱
名称			单位	消耗量			
人工	合计工日		工日	27.720	6.270	9.427	12.593
	其中	普工	工日	8.316	1.881	2.828	3.778
		一般技工	工日	16.632	3.762	5.656	7.556
		高级技工	工日	2.772	0.627	0.943	1.259
材料	泵送商品混凝土 C30		m^3	10.150	10.150	10.150	10.150
	聚乙烯薄膜		m^2	—	175.000	—	—
	水		m^3	2.000	3.680	2.200	1.340
	电		kW·h	8.160	4.320	6.528	6.528

2. 后浇混凝土钢筋

工作内容：钢筋制作、运输、绑扎、安装等。　　　　**计量单位：**t

定额编号				1-33	1-34	1-35	1-36
项目				带肋钢筋 HRB400 以内			
				直径(mm)			
				≤10	≤18	≤25	≤40
名称			单位	消耗量			
人工	合计工日		工日	8.366	7.205	4.950	4.046
	其中	普工	工日	2.509	2.161	1.485	1.213
		一般技工	工日	5.020	4.323	2.970	2.428
		高级技工	工日	0.837	0.721	0.495	0.405
材料	钢筋 HRB400 以内 φ10 以内		kg	1020.000	—	—	—
	钢筋 HRB400 以内 φ12～φ18		kg	—	1025.000	—	—
	钢筋 HRB400 以内 φ20～φ25		kg	—	—	1025.000	—
	钢筋 HRB400 以内 φ25 以上		kg	—	—	—	1025.000
	镀锌铁丝 φ0.7		kg	5.640	3.650	1.600	0.870
	低合金钢焊条 E43 系列		kg	—	5.400	4.800	—
	水		m^3	—	0.144	0.093	—
机械	钢筋调直机 40mm		台班	0.270	—	—	—
	钢筋切断机 40mm		台班	0.110	0.100	0.090	0.090
	钢筋弯曲机 40mm		台班	0.310	0.230	0.180	0.130
	直流弧焊机 32kV·A		台班	—	0.450	0.400	—
	对焊机 75kV·A		台班	—	0.110	0.060	—
	电焊条烘干箱 45×35×45(cm)		台班	—	0.045	0.040	—

工作内容：制作、运输、绑扎、安装等。 计量单位：t

定额编号				1-37	1-38	1-39	1-40
项目				带肋钢筋 HRB400 以上			
				直径(mm)			
				≤10	≤18	≤25	≤40
名称			单位	消耗量			
人工	合计工日		工日	8.764	7.543	5.174	4.225
	其中	普工	工日	2.629	2.263	1.553	1.267
		一般技工	工日	5.258	4.525	3.104	2.536
		高级技工	工日	0.877	0.755	0.517	0.422
材料	钢筋 HRB400 以上 ϕ10 以内		kg	1020.000	—	—	—
	钢筋 HRB400 以上 ϕ12～ϕ18		kg	—	1025.000	—	—
	钢筋 HRB400 以上 ϕ20～ϕ25		kg	—	—	1025.000	—
	钢筋 HRB400 以上 ϕ25 以上		kg	—	—	—	1025.000
	镀锌铁丝 ϕ0.7		kg	5.640	3.650	1.597	0.870
	低合金钢焊条 E43 系列		kg	—	6.552	5.928	—
	水		m^3	—	0.144	0.093	—
机械	钢筋调直机 40mm		台班	0.614	0.095	—	—
	钢筋切断机 40mm		台班	0.426	0.105	0.095	0.095
	钢筋弯曲机 40mm		台班	0.436	0.242	0.189	0.137
	直流弧焊机 32kV·A		台班	—	0.473	0.420	—
	对焊机 75kV·A		台班	—	0.095	0.063	—
	电焊条烘干箱 45×35×45(cm)		台班	—	0.047	0.042	—

工作内容：制作、运输、绑扎、安装、点焊、拼装等。　　　　计量单位：t

定额编号				1-41	1-42	1-43	1-44
项目				圆钢 HPB300			
				≤ϕ10		≤ϕ18	
				绑扎	点焊	绑扎	点焊
名称			单位	消耗量			
人工	合计工日		工日	11.233	7.945	7.171	4.863
	其中	普工	工日	3.370	2.384	2.152	1.459
		一般技工	工日	6.740	4.767	4.302	2.918
		高级技工	工日	1.123	0.794	0.717	0.486
材料	钢筋 HPB300 ϕ10 以内		kg	1020.000	1020.000	—	—
	钢筋 HPB300 ϕ12～ϕ18		kg	—	—	1025.000	1025.000
	低合金钢焊条 E43 系列		kg	—	—	4.440	4.440
	镀锌铁丝 ϕ0.7		kg	9.597	0.792	3.537	0.293
	水		m^3	—	3.363	0.150	2.107
机械	钢筋调直机 40mm		台班	0.260	0.260	0.080	0.080
	钢筋切断机 40mm		台班	0.100	0.100	0.080	0.080
	钢筋弯曲机 40mm		台班	0.310	0.120	0.200	0.090
	点焊机 75kV·A		台班	—	1.390	—	0.810
	直流弧焊机 32kV·A		台班	—	—	0.370	0.370
	对焊机 75kV·A		台班	—	—	0.080	0.080
	电焊条烘干箱 45×35×45(cm)		台班	—	—	0.037	0.037

工作内容:制作、运输、绑扎、安装等。 **计量单位**:t

定额编号				1-45	1-46	1-47	1-48
项目				箍筋			
				带肋钢筋 HRB400 以内		带肋钢筋 HRB400 以上	
				直径(mm)			
				≤10	>10	≤10	>10
名称			单位	消耗量			
人工	合计工日		工日	16.643	9.566	17.106	9.826
	其中	普工	工日	4.993	2.869	5.132	2.948
		一般技工	工日	9.986	5.740	10.264	5.896
		高级技工	工日	1.664	0.957	1.711	0.982
材料	钢筋 HRB400 以内 $\phi10$ 以内		kg	1020.000	—	—	—
	钢筋 HRB400 以内 $\phi12 \sim \phi18$		kg	—	1025.000	—	—
	钢筋 HRB400 以上 $\phi10$ 以内		kg	—	—	1020.000	—
	钢筋 HRB400 以上 $\phi12 \sim \phi18$		kg	—	—	—	1025.000
	镀锌铁丝 $\phi0.7$		kg	10.037	4.620	10.037	4.620
机械	钢筋调直机 40mm		台班	0.310	0.130	0.320	0.130
	钢筋切断机 40mm		台班	0.190	0.090	0.200	0.100
	钢筋弯曲机 40mm		台班	1.380	0.680	1.420	0.700

3. 后浇混凝土模板

工作内容:模板拼装;清理模板,刷隔离剂;拆除模板,维护、整理、堆放。　　**计量单位**:100m²

定额编号				1-49	1-50	1-51
项目				梁、柱接头	连接墙、柱	板带
名称			单位	消耗量		
人工	合计工日		工日	41.950	21.003	25.236
	其中	普工	工日	12.585	6.301	7.571
		一般技工	工日	25.170	12.602	15.141
		高级技工	工日	4.195	2.100	2.524
材料	复合模板		m²	76.126	29.610	45.676
	钢支撑及配件		kg	275.168	37.820	137.917
	板枋材		m³	1.790	0.640	0.758
	木支撑		m³	0.116	0.093	0.463
	圆钉		kg	4.554	1.630	1.931
	隔离剂		kg	20.000	12.000	12.000
	铁件(综合)		kg	—	3.712	—
	干混砌筑砂浆 DM M20		m³	0.024	—	0.008
	镀锌铁丝(综合)		kg	0.360	—	0.216
	硬塑料管 $\phi20$		m	—	88.584	—
	塑料粘胶带 20mm×50m		卷	10.489	4.080	6.294
	对拉螺栓		kg	—	36.132	—
	其他材料费		%	3.000	3.000	3.000
机械	木工圆锯机 500mm		台班	0.074	0.040	0.044
	干混砂浆罐式搅拌机		台班	0.002	—	0.001

第二章　装配式钢结构工程

说　　明

一、本章定额包括预制钢构件安装和围护体系安装两节,共65个定额项目。

二、装配式钢结构安装包括钢网架安装、厂(库)房钢结构安装、住宅钢结构安装及钢结构围护体系安装等内容。大卖场、物流中心等钢结构安装工程,可参照厂(库)房钢结构安装的相应定额;高层商务楼、商住楼等钢结构安装工程,可参照住宅钢结构安装相应定额。

三、本章定额相应项目所含油漆,仅指构件安装时节点焊接或因切割引起补漆。预制钢构件的除锈、油漆及防火涂料的费用应在成品价格内包含;若成品价格未包含油漆及防火涂料费用的,另按《房屋建筑与装饰工程消耗量定额》(TY 01—31—2015)第十四章“油漆、涂料、裱糊工程”的相应项目及规定执行。

四、预制钢构件安装。

1. 构件安装定额中预制钢构件以外购成品编制,不考虑施工损耗。

2. 预制钢结构构件安装,按构件种类及重量不同套用定额。

3. 本定额已包括了施工企业按照质量验收规范要求,针对安装工作自检所发生的磁粉探伤、超声波探伤等常规检测费用。

4. 不锈钢螺栓球网架安装套用螺栓球节点网架安装定额,同时取消定额中油漆及稀释剂含量,人工消耗量乘以系数0.95。

5. 钢支座定额适用于单独成品支座安装。

6. 厂(库)房钢结构的柱间支撑、屋面支撑、系杆、撑杆、隅撑、墙梁、钢天窗架等安装套用钢支撑(钢檩条)安装定额,钢走道安装套用钢平台安装定额。

7. 零星钢构件安装定额,适用于本章未列项目且单件质量在25kg以内的小型钢构件安装。住宅钢结构的零星钢构件安装套用厂(库)房钢结构的零星钢构件安装定额,并扣除定额中汽车式起重机消耗量。

8. 厂(库)房钢结构安装的垂直运输已包括在相应定额内,不另行计算。住宅钢结构安装定额内的汽车式起重机台班用量为钢构件现场转运消耗量,垂直运输按本定额第五章“措施项目”相应项目执行。

9. 组合钢板剪力墙安装套用住宅钢结构3t以内钢柱安装定额,相应定额人工、机械及除预制钢柱外的材料用量乘以系数1.5。

10. 钢构件安装项目中已考虑现场拼装费用,但未考虑分块或整体吊装的钢网架、钢桁架地面平台拼装摊销,如发生,套用现场拼装平台摊销定额项目。

五、围护体系安装。

1. 钢楼层板混凝土浇捣所需收边板的用量,均已包括在相应定额的消耗量中,不另单独计算。

2. 墙面板包角、包边、窗台泛水等所需增加的用量,均已包括在相应定额的消耗量中,不另单独计算。

3. 硅酸钙板墙面板项目中双面隔墙定额墙体厚度按180mm考虑,其中镀锌钢龙骨用量按15kg/m^{2}编制,设计与定额不同时应进行调整换算。

4. 不锈钢天沟、彩钢板天沟展开宽度为600mm,若实际展开宽度与定额不同时,板材按比例调整,其他不变。

工程量计算规则

一、预制钢构件安装。

1. 构件安装工程量按成品构件的设计图示尺寸以质量计算，不扣除单个面积≤0.3m^2的孔洞质量，焊缝、铆钉、螺栓等不另增加质量。

2. 钢网架工程量不扣除孔眼的质量，焊缝、铆钉等不另增加质量。焊接空心球网架质量包括连接钢管杆件、连接球、支托和网架支座等零件的质量，螺栓球节点网架质量包括连接钢管杆件（含高强螺栓、销子、套筒、锥头或封板）、螺栓球、支托和网架支座等零件的质量。

3. 依附在钢柱上的牛腿及悬臂梁的质量等并入钢柱的质量内，钢柱上的柱脚板、加劲板、柱顶板、隔板和肋板并入钢柱工程量内。

4. 钢管柱上的节点板、加强环、内衬板（管）、牛腿等并入钢管柱的质量内。

5. 钢平台的工程量包括钢平台的柱、梁、板、斜撑等的质量，依附于钢平台上的钢扶梯及平台栏杆，并入钢平台工程量内。

6. 钢楼梯的工程量包括楼梯平台、楼梯梁、楼梯踏步等的质量，钢楼梯上的扶手、栏杆并入钢楼梯工程量内。

7. 钢构件现场拼装平台摊销工程量按实施拼装构件的工程量计算。

二、围护体系安装。

1. 钢楼层板、屋面板按设计图示尺寸的铺设面积计算，不扣除单个面积≤0.3m^2的柱、垛及孔洞所占面积。

2. 硅酸钙板墙面板按设计图示尺寸的墙体面积以"m^2"计算，不扣除单个面积≤0.3m^2的孔洞所占面积。

3. 保温岩棉铺设、EPS混凝土浇灌按设计图示尺寸的铺设或浇灌体积以"m^3"计算，不扣除单个面积≤0.3m^2的孔洞所占体积。

4. 硅酸钙板包柱、包梁及蒸压砂加气保温块贴面工程量按钢构件设计断面尺寸以"m^2"计算。

5. 钢板天沟按设计图示尺寸以质量计算，依附天沟的型钢并入天沟的质量内计算；不锈钢天沟、彩钢板天沟按设计图示尺寸以长度计算。

一、预制钢构件安装

1.钢 网 架

(1)钢 网 架

工作内容:卸料、检验、基础线测定、找正、找平、分块拼装、翻身加固、吊装上位、就位、校正、焊接、固定、补漆、清理等。

计量单位:t

定额编号			2-1	2-2	2-3
项目			焊接空心球网架	螺栓球节点网架	焊接不锈钢空心球网架
名称		单位	消耗量		
人工	合计工日	工日	6.516	6.156	6.516
人工	其中 普工	工日	1.954	1.846	1.954
人工	其中 一般技工	工日	3.910	3.694	3.910
人工	其中 高级技工	工日	0.652	0.616	0.652
材料	焊接空心球网架	t	1.000	—	—
材料	螺栓球节点网架	t	—	1.000	—
材料	焊接不锈钢空心球网架	t	—	—	1.000
材料	环氧富锌底漆	kg	4.240	4.240	—
材料	低合金钢焊条 E43 系列	kg	7.519	—	—
材料	不锈钢焊丝	kg	—	—	10.043
材料	金属结构铁件	kg	6.630	3.570	6.630
材料	六角螺栓带螺母(综合)	kg	—	19.890	—
材料	二氧化碳气体	m^3	2.200	—	—
材料	氧气	m^3	2.530	—	—
材料	氩气	m^3	—	—	7.975
材料	钨棒	kg	—	—	0.155
材料	焊丝 ϕ1.6	kg	3.574	—	—
材料	吊装夹具	套	0.060	0.060	0.060
材料	钢丝绳 ϕ12	kg	8.200	8.200	8.200
材料	垫木	m^3	0.034	0.034	0.034
材料	稀释剂	kg	0.339	0.339	—
材料	其他材料费	%	0.500	0.500	0.500
机械	汽车式起重机 20t	台班	0.312	0.312	0.312
机械	交流弧焊机 32kV·A	台班	0.238	—	—
机械	氩弧焊机 500A	台班	—	—	0.475
机械	二氧化碳气体保护焊机 500A	台班	0.238	—	—

(2)钢　支　座

工作内容:安装、定位、固定、焊接等。　　　　**计量单位:**套

<table>
<tr><td colspan="3">定 额 编 号</td><td>2-4</td><td>2-5</td><td>2-6</td></tr>
<tr><td colspan="3">项　　目</td><td>固定支座</td><td>单向滑移支座</td><td>双向滑移支座</td></tr>
<tr><td colspan="2">名　　称</td><td>单位</td><td colspan="3">消　耗　量</td></tr>
<tr><td rowspan="4">人工</td><td>合计工日</td><td>工日</td><td>2.000</td><td>2.400</td><td>2.800</td></tr>
<tr><td>其中 普工</td><td>工日</td><td>0.400</td><td>0.480</td><td>0.560</td></tr>
<tr><td>其中 一般技工</td><td>工日</td><td>0.700</td><td>0.840</td><td>0.980</td></tr>
<tr><td>其中 高级技工</td><td>工日</td><td>0.900</td><td>1.080</td><td>1.260</td></tr>
<tr><td rowspan="11">材料</td><td>钢构件固定支座</td><td>套</td><td>1.000</td><td>—</td><td>—</td></tr>
<tr><td>单向滑移支座</td><td>套</td><td>—</td><td>1.000</td><td>—</td></tr>
<tr><td>双向滑移支座</td><td>套</td><td>—</td><td>—</td><td>1.000</td></tr>
<tr><td>低合金钢焊条 E43 系列</td><td>kg</td><td>1.071</td><td>0.721</td><td>0.371</td></tr>
<tr><td>金属结构铁件</td><td>kg</td><td>0.734</td><td>0.734</td><td>0.734</td></tr>
<tr><td>二氧化碳气体</td><td>m^3</td><td>0.704</td><td>0.462</td><td>0.264</td></tr>
<tr><td>焊丝 ϕ1.6</td><td>kg</td><td>1.257</td><td>0.803</td><td>0.433</td></tr>
<tr><td>吊装夹具</td><td>套</td><td>0.030</td><td>0.030</td><td>0.030</td></tr>
<tr><td>钢丝绳</td><td>kg</td><td>0.820</td><td>0.820</td><td>0.820</td></tr>
<tr><td>垫木</td><td>m^3</td><td>0.002</td><td>0.002</td><td>0.002</td></tr>
<tr><td>其他材料费</td><td>%</td><td>0.500</td><td>0.500</td><td>0.500</td></tr>
<tr><td rowspan="3">机械</td><td>汽车式起重机 20t</td><td>台班</td><td>0.078</td><td>0.078</td><td>0.078</td></tr>
<tr><td>交流弧焊机 32kV·A</td><td>台班</td><td>0.110</td><td>0.066</td><td>0.036</td></tr>
<tr><td>二氧化碳气体保护焊机 500A</td><td>台班</td><td>0.110</td><td>0.066</td><td>0.036</td></tr>
</table>

2. 厂(库)房钢结构

(1) 钢屋架(钢托架)

工作内容：放线、卸料、检验、划线、构件拼装、加固，翻身就位、绑扎吊装、校正、焊接、固定、补漆、清理等。

计量单位：t

定额编号				2-7	2-8	2-9	2-10	2-11
项目				钢屋架(钢托架)				
				质量(t)				
				≤1.5	≤3	≤8	≤15	≤25
名称			单位	消耗量				
人工	合计工日		工日	2.702	2.759	2.503	2.604	2.748
	其中	普工	工日	0.811	0.828	0.751	0.782	0.824
		一般技工	工日	1.621	1.655	1.502	1.562	1.649
		高级技工	工日	0.270	0.276	0.250	0.260	0.275
材料	钢屋架		t	1.000	1.000	1.000	1.000	1.000
	环氧富锌底漆		kg	1.060	1.060	1.060	1.060	1.060
	低合金钢焊条 E43 系列		kg	1.236	1.236	1.483	1.854	2.966
	金属结构铁件		kg	6.120	4.284	2.244	2.244	2.244
	二氧化碳气体		m^3	0.715	0.715	0.858	0.858	1.210
	焊丝 $\phi1.6$		kg	1.082	1.082	1.298	1.298	1.854
	吊装夹具		套	0.020	0.020	0.020	0.020	0.020
	钢丝绳 $\phi12$		kg	3.280	3.280	3.280	3.280	3.280
	垫木		m^3	0.013	0.007	0.007	0.007	0.007
	稀释剂		kg	0.085	0.085	0.085	0.085	0.085
	其他材料费		%	0.500	0.500	0.500	0.500	0.500
机械	汽车式起重机 20t		台班	0.299	0.234	0.195	—	—
	汽车式起重机 40t		台班	—	—	—	0.195	—
	履带式起重机 50t		台班	—	—	—	—	0.325
	交流弧焊机 32kV·A		台班	0.110	0.110	0.132	0.165	0.264
	二氧化碳气体保护焊机 500A		台班	0.110	0.110	0.132	0.132	0.198

工作内容：放线、卸料、检验、划线、构件拼装、加固，翻身就位、绑扎吊装、校正、焊接、固定、补漆、清理等。

计量单位：t

定额编号				2-12	2-13	2-14	2-15	2-16	2-17
项目				钢桁架					
				质量(t)					
				≤1.5	≤3	≤8	≤15	≤25	≤40
名称			单位	消耗量					
人工	合计工日		工日	3.912	3.217	2.960	3.065	3.924	4.835
	其中	普工	工日	1.174	0.965	0.888	0.919	1.178	1.450
		一般技工	工日	2.347	1.930	1.776	1.839	2.354	2.901
		高级技工	工日	0.391	0.322	0.296	0.307	0.392	0.484
材料	钢桁架		t	1.000	1.000	1.000	1.000	1.000	1.000
	环氧富锌底漆		kg	2.120	2.120	2.120	2.120	2.120	2.120
	低合金钢焊条 E43 系列		kg	3.461	2.843	2.163	2.163	3.461	3.461
	金属结构铁件		kg	5.508	4.488	3.162	2.193	2.193	2.193
	二氧化碳气体		m^3	2.002	1.650	1.210	1.210	2.002	2.002
	焊丝 ϕ1.6		kg	3.028	2.472	1.854	1.854	3.028	3.028
	吊装夹具		套	0.025	0.025	0.025	0.025	0.025	0.025
	钢丝绳 ϕ12		kg	3.793	3.793	3.793	3.793	3.793	3.793
	垫木		m^3	0.013	0.013	0.013	0.013	0.013	0.013
	稀释剂		kg	0.170	0.170	0.170	0.170	0.170	0.170
	其他材料费		%	0.500	0.500	0.500	0.500	0.500	0.500
机械	汽车式起重机 20t		台班	0.312	0.234	0.273	—	—	—
	汽车式起重机 40t		台班	—	—	—	0.234	—	—
	履带式起重机 50t		台班	—	—	—	—	0.390	0.468
	交流弧焊机 32kV·A		台班	0.308	0.253	0.198	0.198	0.308	0.308
	二氧化碳气体保护焊机 500A		台班	0.308	0.253	0.198	0.198	0.308	0.308

(2)钢　柱

工作内容：放线、卸料、检验、划线、构件拼装、加固，翻身就位、绑扎吊装、校正、焊接、固定、补漆、清理等。

计量单位：t

定额编号				2-18	2-19	2-20	2-21
项　目				钢柱			
				质量(t)			
				≤3	≤8	≤15	≤25
名　称			单位	消　耗　量			
人工	合计工日		工日	3.105	2.520	2.313	2.718
	其中	普工	工日	0.931	0.756	0.694	0.815
		一般技工	工日	1.863	1.512	1.388	1.631
		高级技工	工日	0.311	0.252	0.231	0.272
材料	钢柱		t	1.000	1.000	1.000	1.000
	环氧富锌底漆		kg	1.060	1.060	1.060	1.060
	低合金钢焊条 E43 系列		kg	1.236	1.236	1.236	1.483
	金属结构铁件		kg	10.588	7.344	3.570	2.550
	二氧化碳气体		m^3	0.715	0.715	0.715	0.858
	焊丝 ϕ1.6		kg	1.082	1.082	1.082	1.298
	吊装夹具		套	0.020	0.020	0.020	0.025
	钢丝绳 ϕ12		kg	3.690	3.690	3.690	3.690
	垫木		m^3	0.011	0.011	0.011	0.011
	稀释剂		kg	0.085	0.085	0.085	0.085
	其他材料费		%	0.500	0.500	0.500	0.500
机械	汽车式起重机 20t		台班	0.156	0.130	—	—
	汽车式起重机 40t		台班	—	—	0.195	—
	履带式起重机 50t		台班	—	—	—	0.260
	交流弧焊机 32kV·A		台班	0.110	0.110	0.110	0.132
	二氧化碳气体保护焊机 500A		台班	0.110	0.110	0.110	0.132

(3)钢　梁

工作内容:放线、卸料、检验、划线、构件拼装、加固,翻身就位、绑扎吊装、校正、焊接、固定、补漆、清理等。

计量单位:t

定额编号				2-22	2-23	2-24	2-25
项目				钢梁			
				质量(t)			
				≤1.5	≤3	≤8	≤15
名称			单位	消耗量			
人工	合计工日		工日	2.151	1.889	1.452	1.654
	其中	普工	工日	0.645	0.567	0.436	0.497
		一般技工	工日	1.291	1.133	0.871	0.992
		高级技工	工日	0.215	0.189	0.145	0.165
材料	钢梁		t	1.000	1.000	1.000	1.000
	环氧富锌底漆		kg	1.060	1.060	1.060	1.060
	低合金钢焊条 E43 系列		kg	3.461	2.163	1.854	2.163
	金属结构铁件		kg	7.344	7.344	3.672	5.304
	二氧化碳气体		m^3	2.002	1.210	1.078	1.210
	焊丝 φ1.6		kg	3.028	1.854	1.627	1.854
	吊装夹具		套	0.020	0.020	0.020	0.020
	钢丝绳 φ12		kg	3.280	3.280	3.280	3.895
	垫木		m^3	0.012	0.012	0.012	0.012
	稀释剂		kg	0.085	0.085	0.085	0.085
	其他材料费		%	0.500	0.500	0.500	0.500
机械	汽车式起重机 20t		台班	0.234	0.156	0.221	—
	汽车式起重机 40t		台班	—	—	—	0.195
	交流弧焊机 32kV·A		台班	0.308	0.198	0.165	0.198
	二氧化碳气体保护焊机 500A		台班	0.308	0.198	0.165	0.198

(4)钢 吊 车 梁

工作内容:放线、卸料、检验、划线、构件拼装、加固,翻身就位、绑扎吊装、校正、焊接、固定、补漆、清理等。

计量单位:t

定额编号				2-26	2-27	2-28	2-29
项目				钢吊车梁			
				质量(t)			
				≤3	≤8	≤15	≤25
名称			单位	消耗量			
人工	合计工日		工日	1.683	1.232	0.864	1.332
	其中	普工	工日	0.505	0.370	0.260	0.400
		一般技工	工日	1.010	0.739	0.518	0.799
		高级技工	工日	0.168	0.123	0.086	0.133
材料	钢吊车梁		t	1.000	1.000	1.000	1.000
	环氧富锌底漆		kg	1.060	1.060	1.060	1.060
	低合金钢焊条 E43 系列		kg	2.472	2.472	2.472	2.472
	金属结构铁件		kg	7.344	3.672	3.672	5.712
	二氧化碳气体		m^3	1.430	1.430	1.430	1.430
	焊丝 ϕ1.6		kg	2.163	2.163	2.163	2.163
	吊装夹具		套	0.020	0.020	0.020	0.025
	钢丝绳 ϕ12		kg	3.280	3.280	3.280	3.895
	垫木		m^3	0.011	0.011	0.011	0.011
	稀释剂		kg	0.085	0.085	0.085	0.085
	其他材料费		%	0.500	0.500	0.500	0.500
机械	汽车式起重机 20t		台班	0.234	0.195	—	—
	汽车式起重机 40t		台班	—	—	0.156	—
	履带式起重机 50t		台班	—	—	—	0.260
	交流弧焊机 32kV·A		台班	0.220	0.220	0.220	0.220
	二氧化碳气体保护焊机 500A		台班	0.220	0.220	0.220	0.220

(5)钢平台、钢楼梯

工作内容:放线、卸料、检验、划线、构件拼装、加固,翻身就位、绑扎吊装、校正、焊接、固定、补漆、清理等。

计量单位:t

定额编号				2-30	2-31	2-32
项目				钢平台(钢走道)	钢楼梯	
					踏步式	爬式
名称			单位	消耗量		
人工	合计工日		工日	5.399	5.338	9.046
	其中	普工	工日	1.620	1.601	2.713
		一般技工	工日	3.239	3.203	5.428
		高级技工	工日	0.540	0.534	0.905
材料	钢平台		t	1.000	—	—
	钢楼梯(踏步式)		t	—	1.000	—
	钢楼梯(爬式)		t	—	—	1.000
	环氧富锌底漆		kg	2.120	2.120	4.240
	低合金钢焊条 E43 系列		kg	3.461	3.461	5.191
	六角螺栓		kg	5.406	3.570	—
	氧气		m^3	0.528	0.880	1.430
	吊装夹具		套	0.020	0.020	0.020
	钢丝绳 $\phi12$		kg	3.280	3.280	3.280
	垫木		m^3	0.023	0.026	0.026
	稀释剂		kg	0.170	0.170	0.339
	其他材料费		%	0.500	0.500	0.500
机械	汽车式起重机 20t		台班	0.247	0.195	0.208
	交流弧焊机 32kV·A		台班	0.308	0.308	0.462

(6)其他钢构件

工作内容:放线、卸料、检验、划线、构件拼装、加固,翻身就位、绑扎吊装、校正、焊接、固定、补漆、清理等。

计量单位:t

定额编号				2-33	2-34	2-35
项目				钢支撑(钢檩条)	钢墙架(挡风架)	零星钢构件
名称			单位	消耗量		
人工	合计工日		工日	2.546	5.078	6.620
	其中	普工	工日	0.763	1.523	1.986
		一般技工	工日	1.528	3.047	3.972
		高级技工	工日	0.255	0.508	0.662
材料	钢支撑		t	1.000	—	—
	钢墙架		t	—	1.000	—
	零星钢构件		t	—	—	1.000
	环氧富锌底漆		kg	2.120	2.120	2.120
	低合金钢焊条 E43 系列		kg	3.461	2.163	3.461
	六角螺栓		kg	5.304	3.570	6.630
	氧气		m^3	0.220	0.220	1.100
	吊装夹具		套	0.020	0.020	0.020
	钢丝绳 $\phi12$		kg	4.920	4.920	4.920
	垫木		m^3	0.014	0.023	0.023
	稀释剂		kg	0.170	0.170	0.170
	其他材料费		%	0.500	0.500	0.500
机械	汽车式起重机 20t		台班	0.234	0.221	0.273
	交流弧焊机 32kV·A		台班	0.308	0.198	0.308

(7)现场拼装平台摊销

工作内容:划线、切割、组装、就位、焊接、翻身、校正、调平、清理、拆除、整理等。 **计量单位:**t

定额编号				2-36
项目				现场拼装平台摊销
名称			单位	消耗量
人工	合计工日		工日	1.422
	其中	普工	工日	0.427
		一般技工	工日	0.853
		高级技工	工日	0.142
材料	型钢(综合)		kg	38.160
	中厚钢板(综合)		kg	5.300
	低合金钢焊条 E43 系列		kg	0.283
	焊丝 ϕ1.6		kg	0.902
	二氧化碳气体		m^3	0.537
	氧气		m^3	0.858
	吊装夹具		套	0.001
	钢丝绳 ϕ12		kg	0.394
	垫木		m^3	0.032
	其他材料费		%	0.500
机械	交流弧焊机 32kV·A		台班	0.021
	汽车式起重机 20t		台班	0.039
	二氧化碳气体保护焊机 500A		台班	0.079

3. 住宅钢结构

(1) 钢 柱

工作内容：放线、卸料、检验、划线、构件拼装、加固，翻身就位、绑扎吊装、校正、焊接、固定、补漆、清理等。

计量单位：t

定额编号				2-37	2-38	2-39	2-40
项目				钢柱			
				质量(t)			
				≤3	≤5	≤10	≤15
名称			单位	消耗量			
人工	合计工日		工日	3.623	3.261	2.935	2.827
	其中	普工	工日	1.087	0.978	0.880	0.848
		一般技工	工日	2.174	1.957	1.761	1.696
		高级技工	工日	0.362	0.326	0.294	0.283
材料	钢柱		t	1.000	1.000	1.000	1.000
	低合金钢焊条 E43 系列		kg	2.575	2.575	2.575	2.575
	金属结构铁件		kg	10.588	7.344	6.528	5.610
	二氧化碳气体		m^3	2.420	2.090	1.870	2.200
	焊丝 ϕ1.6		kg	4.429	3.708	3.296	4.017
	钢丝绳		kg	3.690	3.690	3.690	3.690
	垫木		m^3	0.011	0.011	0.011	0.011
	环氧富锌底漆（封闭漆）		kg	1.060	1.060	1.060	1.060
	环氧富锌底漆稀释剂		kg	0.085	0.085	0.085	0.085
	吊装夹具		套	0.020	0.020	0.020	0.020
	其他材料费		%	0.500	0.500	0.500	0.500
机械	汽车式起重机 40t		台班	0.026	0.026	0.026	0.026
	交流弧焊机 32kV·A		台班	0.187	0.180	0.170	0.190
	二氧化碳气体保护焊机 500A		台班	0.209	0.190	0.170	0.200

(2)钢　梁

工作内容:放线、卸料、检验、划线、构件拼装、加固,翻身就位、绑扎吊装、校正、焊接、固定、补漆、清理等。

计量单位:t

定额编号				2-41	2-42	2-43	2-44
项目				钢梁			
				质量(t)			
				≤0.5	≤1.5	≤3	≤5
名称			单位	消耗量			
人工	合计工日		工日	2.629	2.390	2.099	1.774
	其中	普工	工日	0.789	0.717	0.630	0.533
		一般技工	工日	1.577	1.434	1.259	1.064
		高级技工	工日	0.263	0.239	0.210	0.177
材料	钢梁		t	1.000	1.000	1.000	1.000
	低合金钢焊条 E43 系列		kg	3.708	3.296	2.884	2.884
	金属结构铁件		kg	7.344	6.936	6.528	5.712
	二氧化碳气体		m^3	1.870	1.870	1.760	1.650
	焊丝 φ1.6		kg	3.296	3.296	3.090	2.884
	钢丝绳		kg	3.280	3.280	3.280	3.280
	垫木		m^3	0.012	0.012	0.012	0.012
	环氧富锌底漆(封闭漆)		kg	1.060	1.060	1.060	1.060
	环氧富锌底漆稀释剂		kg	0.085	0.085	0.085	0.085
	吊装夹具		套	0.020	0.020	0.020	0.020
	其他材料费		%	0.500	0.500	0.500	0.500
机械	汽车式起重机 40t		台班	0.026	0.026	0.026	0.026
	交流弧焊机 32kV·A		台班	0.280	0.250	0.220	0.220
	二氧化碳气体保护焊机 500A		台班	0.170	0.170	0.150	0.140

(3)钢　支　撑

工作内容:放线、卸料、检验、划线、构件拼装、加固,翻身就位、绑扎吊装、校正、焊接、固定、补漆、清理等。

计量单位:t

定额编号				2-45	2-46	2-47	2-48
项目				钢支撑			
				质量(t)			
				≤1.5	≤3	≤5	≤8
名称			单位	消耗量			
人工	合计工日		工日	2.898	2.898	2.608	2.478
	其中	普工	工日	0.869	0.869	0.782	0.743
		一般技工	工日	1.739	1.739	1.565	1.487
		高级技工	工日	0.290	0.290	0.261	0.248
材料	钢支撑		t	1.000	1.000	1.000	1.000
	低合金钢焊条 E43 系列		kg	3.296	2.884	2.266	2.884
	金属结构铁件		kg	10.588	7.344	5.610	3.876
	二氧化碳气体		m^3	2.750	2.420	1.980	2.750
	焊丝 ϕ1.6		kg	4.944	4.326	3.605	4.944
	钢丝绳		kg	4.920	4.920	4.920	4.920
	垫木		m^3	0.014	0.014	0.014	0.014
	环氧富锌底漆(封闭漆)		kg	1.060	1.060	1.060	1.060
	环氧富锌底漆稀释剂		kg	0.085	0.085	0.085	0.085
	吊装夹具		套	0.020	0.020	0.020	0.020
	其他材料费		%	0.500	0.500	0.500	0.500
机械	汽车式起重机 40t		台班	0.026	0.026	0.026	0.026
	交流弧焊机 32kV·A		台班	0.250	0.220	0.200	0.220
	二氧化碳气体保护焊机 500A		台班	0.240	0.210	0.180	0.240

(4)踏步式钢楼梯

工作内容:放线、卸料、检验、划线、构件拼装、加固,翻身就位、绑扎吊装、校正、焊接、固定、补漆、清理等。

计量单位:t

定额编号				2-49
项目				踏步式钢楼梯
名称			单位	消耗量
人工	合计工日		工日	5.338
	其中	普工	工日	1.601
		一般技工	工日	3.203
		高级技工	工日	0.534
材料	钢楼梯(踏步式)		t	1.000
	低合金钢焊条 E43 系列		kg	3.811
	金属结构铁件		kg	7.344
	二氧化碳气体		m^3	2.090
	焊丝 ϕ1.6		kg	3.708
	钢丝绳		kg	3.280
	垫木		m^3	0.026
	环氧富锌底漆(封闭漆)		kg	2.120
	环氧富锌底漆稀释剂		kg	0.170
	吊装夹具		套	0.020
	其他材料费		%	0.500
机械	汽车式起重机 40t		台班	0.026
	交流弧焊机 32kV·A		台班	0.275
	二氧化碳气体保护焊机 500A		台班	0.275

二、围护体系安装

1.钢楼层板

工作内容：场内运输，选料、放线、配板，切割、拼装、安装。　　**计量单位**：100m²

定额编号				2-50	2-51
项目				自承式楼层板	压型钢板楼层板
名称			单位	消耗量	
人工	合计工日		工日	16.577	19.844
	其中	普工	工日	4.973	5.954
		一般技工	工日	9.946	11.906
		高级技工	工日	1.658	1.984
材料	自承式楼层板 0.6		m²	104.000	—
	压型钢板楼层板 0.9		m²	—	104.000
	垫木		m³	0.050	0.020
	热轧薄钢板 δ3.0		m²	20.670	20.670
	红丹防锈漆		kg	11.700	11.700
	油漆溶剂油		kg	1.365	1.365
	氧气		m³	2.730	2.730
	乙炔气		m³	1.482	1.482
	圆钢(综合)		kg	2.000	2.000
	低合金钢焊条 E43 系列		kg	0.578	0.578
	其他材料费		%	2.000	2.000
机械	剪板机 40×3100(mm)		台班	0.205	0.205
	交流弧焊机 32kV·A		台班	1.046	1.046

2.墙　面　板

工作内容:放料、下料,切割断料。开门窗洞口,周边塞口,清扫;弹线、安装。　　**计量单位**:100m²

定额编号				2-52	2-53	2-54
项　目				墙面板		
				彩钢夹芯板	采光板	压型钢板
名　称			单位	消　耗　量		
人工	合计工日		工日	20.850	18.680	18.680
	其中	普工	工日	6.255	5.604	5.604
		一般技工	工日	12.510	11.208	11.208
		高级技工	工日	2.085	1.868	1.868
材料	彩钢夹芯板 δ75		m²	106.000	—	—
	聚酯采光板 δ1.2		m²	—	106.000	—
	压型钢板 δ0.5		m²	—	—	106.000
	彩钢板 δ0.5		m²	30.000	20.000	20.000
	地槽铝 75		m	14.500	—	—
	槽铝 75		m	34.400	—	—
	工字铝(综合)		m	167.900	—	—
	角铝 25.4×1		m	26.500	—	—
	膨胀螺栓 M10		100套	0.400	—	—
	铝拉铆钉 M5×40		100个	10.700	3.500	3.500
	防水密封胶		支	40.000	40.000	40.000
	合金钢钻头 φ6~13		个	0.600	0.600	0.600
	自攻螺钉 ST6×20		100个	—	6.500	6.500
	橡皮密封条 20×4		m	173.300	173.300	173.300
	金属结构铁件		kg	—	5.000	5.000
	垫木		m³	—	0.020	0.020
	彩钢密封圈		只	—	650.000	650.000
	其他材料费		%	2.000	2.000	2.000
机械	汽车式起重机 20t		台班	0.100	0.100	0.100

工作内容：1. 放线、卸料、检验、划线、构件加固、构件拼装、翻身就位、绑扎吊装、校正、焊接、龙骨固定、补漆、清理等。

2. 清理基层、保温岩棉铺设、双面胶纸固定。

3. 墙面开孔、上料、搅拌、泵送、灌浆、敲击振捣、灌浆口抹平清理。

定 额 编 号				2-55	2-56	2-57
项　　目				硅酸钙板灌浆墙面板		
				双面隔墙	保温岩棉铺设	EPS 砼浇灌
				$100m^2$	$10m^3$	
名　　称			单位	消　耗　量		
人工	合计工日		工日	51.896	26.648	13.668
	其中	普工	工日	15.569	7.994	4.100
		一般技工	工日	31.137	15.989	8.201
		高级技工	工日	5.190	2.665	1.367
材料	硅酸钙板 δ8		m^2	106.000	—	—
	硅酸钙板 δ10		m^2	106.000	—	—
	连接件 PD25		个	150.000	—	—
	岩棉板 δ50		m^3	—	10.400	—
	聚乙烯薄膜		m^2	—	42.000	—
	双面胶纸		m	—	260.000	—
	EPS 灌浆料		m^3	—	—	10.500
	镀锌钢龙骨		kg	1500.000	—	—
	橡胶密封条		m	173.300	—	—
	垫木		m^3	0.020	—	—
	铝拉铆钉 M5×40		100 个	3.500	—	—
	自攻螺钉 ST6×20		100 个	6.500	—	—
	六角螺栓 M6×35		100 个	0.200	—	—
	合金钢钻头 φ10		个	0.600	—	—
	玻璃胶		支	29.000	—	—
	低合金钢焊条 E43 系列		kg	81.750	—	—
	氧气		m^3	9.000	—	—
	乙炔气		m^3	3.900	—	—
	电		kW·h	—	—	16.200
	其他材料费		%	2.000	2.000	2.000
机械	交流弧焊机 32kV·A		台班	20.350	—	—
	涡浆式混凝土搅拌机 500L		台班	—	—	2.025

工作内容：1. 选料、抹砂浆、贴砌块、擦缝。
2. 放线、卸料、检验、划线、构件加固，翻身就位、绑扎吊装、校正、焊接、固定、补漆、清理等。

计量单位：100m²

定额编号				2-58	2-59
项目				硅酸钙板 包柱、包梁	蒸压砂加气 保温块贴面
名称			单位	消耗量	
人工	合计工日		工日	43.720	32.434
	其中	普工	工日	13.116	6.487
		一般技工	工日	26.232	11.352
		高级技工	工日	4.372	14.595
材料	硅酸钙板 δ8		m²	115.000	—
	蒸压砂加气混凝土(AAC)保温块		m³	—	5.830
	连接件 PD25		个	—	150.000
	连接件 PD80		个	80.000	—
	镀锌钢龙骨		kg	300.000	—
	橡胶密封条		m	173.300	173.300
	垫木		m³	0.020	—
	铝拉铆钉 M5×40		100个	3.500	3.500
	自攻螺钉 ST6×20		100个	6.500	6.500
	六角螺栓 M6×35		100个	0.200	0.200
	合金钢钻头 φ10		个	0.600	0.600
	玻璃胶		支	29.000	29.000
	低合金钢焊条 E43 系列		kg	10.900	—
	氧气		m³	1.200	—
	乙炔气		m³	0.520	—
	其他材料费		%	2.000	—
机械	交流弧焊机 32kV·A		台班	0.603	—

3. 屋　面　板

工作内容：放料、下料，切割断料。周边塞口，清扫；弹线、安装。　　**计量单位：**100m²

定额编号				2-60	2-61	2-62
项　目				屋面板		
				彩钢夹芯板	采光板	压型钢板
名　称			单位	消　耗　量		
人工	合计工日		工日	19.089	17.273	16.338
	其中	普工	工日	5.727	5.182	4.901
		一般技工	工日	11.453	10.364	9.803
		高级技工	工日	1.909	1.727	1.634
材料	彩钢夹芯板 δ75		m²	106.000	—	—
	聚酯采光板 δ1.2		m²	—	106.000	—
	压型钢板 δ0.5		m²	—	—	106.000
	彩钢板 δ0.5		m²	30.000	20.000	20.000
	槽铝 75		m	49.000	—	—
	工字铝(综合)		m	167.900	—	—
	角铝 25.4×1		m	26.500	—	—
	铝拉铆钉 M5×40		100个	13.700	6.500	6.500
	防水密封胶		支	60.000	60.000	60.000
	合金钢钻头 φ6～13		个	0.600	0.600	0.600
	自攻螺钉 ST6×20		100个	—	9.500	9.500
	彩钢内外扣槽		m	84.200	—	—
	橡皮密封条 20×4		m	173.300	173.300	173.300
	金属结构铁件		kg	—	5.000	5.000
	垫木		m³	—	0.020	0.020
	彩钢密封圈		只	—	650.000	650.000
	金属堵头		只	—	280.000	280.000
	其他材料费		%	2.000	2.000	2.000
机械	汽车式起重机 20t		台班	0.100	0.100	0.100

工作内容：放样、划线、裁料、平整、拼装、焊接、成品校正。

定额编号				2-63	2-64	2-65
项目				天沟		
				钢板	不锈钢	彩钢板
				t	10m	
名称			单位	消耗量		
人工	合计工日		工日	8.540	1.910	1.980
	其中	普工	工日	2.562	0.573	0.594
		一般技工	工日	5.124	1.146	1.188
		高级技工	工日	0.854	0.191	0.198
材料	钢板 δ3～10		t	1.060	—	—
	不锈钢板 δ1.0		m^2	—	7.200	—
	彩钢板 δ0.8		m^2	—	—	7.200
	槽形彩钢条 2		m	—	—	16.300
	自攻螺钉 ST6×20		100个	—	—	1.390
	彩钢堵头		只	—	4.200	4.200
	低合金钢焊条 E43 系列		kg	7.320	—	—
	不锈钢焊丝		kg	—	3.300	—
	氧气		m^3	6.000	—	—
	乙炔气		m^3	2.600	—	—
	红丹防锈漆		kg	6.780	—	—
	玻璃胶		支	0.500	2.000	2.000
	油漆溶剂油		kg	0.700	—	—
	垫木		m^3	0.020	—	—
	其他材料费		%	2.000	2.000	2.000
机械	剪板机 40×3100(mm)		台班	0.030	0.070	0.070
	交流弧焊机 32kV·A		台班	0.640	—	—
	氩弧焊机 500A		台班	—	0.270	—
	汽车式起重机 20t		台班	0.220	—	—

第三章　装配式木结构工程

说　　明

一、本章定额包括预制木构件安装和围护体系安装两节,共31个定额项目。

二、本章定额所称的装配式木结构工程,指预制木构件通过可靠的连接方式装配而成的木结构,包括装配式轻型木结构和装配式框架木结构。

三、预制木构件安装。

1. 地梁板安装定额已包括底部防水卷材的内容,按墙体厚度不同套用相应定额。

2. 木构件安装定额已包括构件固定所需临时支撑的搭设及拆除,支撑种类、数量及搭设方式综合考虑。

3. 柱、梁安装定额不分截面形式,按材质和截面积不同套用相应定额。

4. 墙体木骨架安装按墙体厚度不同套用相应定额,定额中已包括了底梁板、顶梁板和墙体龙骨安装等内容。墙体龙骨间距按400mm编制,设计与定额不同时应进行调整。

5. 楼板格栅安装按格栅跨度不同套用相应定额,其中跨度5m以内按木格栅,5m以上按桁架格栅进行编制。定额中楼面设计活荷载标准值为2.0kN/m^2,如遇卫生间、露台等部位设计活荷载超过2.0kN/m^2时,定额乘以系数。

6. 平撑、剪刀撑以及封头板的用量已包括在楼板格栅定额中,不另单独计算。地面格栅和平屋面格栅套用楼板格栅相应定额。

7. 桁架安装不分直角形、人字形等形式,均套用桁架定额。

8. 屋面板安装根据屋面形式不同,按两坡以内和两坡以上分别套用相应定额。

四、围护体系安装。

1. 石膏板铺设定额按单层安装编制,设计为双层安装时,其工程量乘以2。

2. 呼吸纸铺设定额中,对施工过程中产生的搭接、拼缝、压边等已综合考虑,不另单独计算。

五、装配式木结构安装过程中涉及的基础梁预埋锚栓、外墙保温、屋面防水涂料等内容,按《房屋建筑与装饰工程消耗量定额》(TY 01—31—2015)的相应项目及规定执行。

工程量计算规则

一、预制木构件安装。

1. 地梁板安装按设计图示尺寸以长度计算。

2. 木柱、木梁按设计图示尺寸以体积计算。

3. 墙体木骨架及墙面板安装按设计图示尺寸以面积计算，不扣除≤0.3m^2 的孔洞所占面积，由此产生的孔洞加固板也不另增加。其中，墙体木骨架安装应扣除结构柱所占的面积。

4. 楼板格栅及楼面板安装按设计图示尺寸以面积计算，不扣除≤0.3m^2 的洞口所占面积，由此产生的洞口加固板也不另增加。其中，楼板格栅安装应扣除结构梁所占的面积。

5. 格栅挂件按设计图示数量以套计算。

6. 木楼梯安装按设计图示尺寸以水平投影面积计算，不扣除宽度≤500mm 的楼梯井，伸入墙内部分不计算。

7. 屋面椽条和桁架安装按设计图示尺寸以实体积计算，不扣除切肢、切角部分占体积。屋面板安装按设计图示尺寸以展开面积计算。

8. 封檐板安装按设计图示尺寸以檐口外围长度计算。

二、围护体系安装。

1. 石膏板、呼吸纸铺设按设计图示尺寸以面积计算，不扣除≤0.3m^2 的孔洞所占面积。

2. 岩棉铺设安装定额按设计图示尺寸以体积计算。

一、预制木构件安装

1.地 梁 板

工作内容：清理工作面，铺设防水卷材，防腐木就位、校正、垫实、螺栓固定。 **计量单位：**10m

定 额 编 号				3-1	3-2	3-3
项 目				地梁板		
				墙厚(mm)		
				≤120	≤180	≤240
名 称			单位	消 耗 量		
人工	合计工日		工日	1.033	1.100	1.200
	其中	普工	工日	0.310	0.330	0.360
		一般技工	工日	0.620	0.660	0.720
		高级技工	工日	0.103	0.110	0.120
材料	防腐木 δ40		m^3	0.048	0.072	0.096
	SBS 改性沥青防水卷材		m^2	0.132	0.198	0.264
	镀锌螺纹钉		kg	0.120	0.120	0.120
	其他材料费		%	0.800	0.800	0.800

2.柱

工作内容：吊装，支撑就位、校正、垫实、固定。 **计量单位：**$10m^3$

定 额 编 号				3-4	3-5	3-6	3-7
项 目				规格材组合柱		胶合柱	
				截面积(m^2)			
				≤0.1	≤0.2	≤0.1	≤0.2
名 称			单位	消 耗 量			
人工	合计工日		工日	33.333	40.000	40.000	60.000
	其中	普工	工日	10.000	12.000	12.000	18.000
		一般技工	工日	20.000	24.000	24.000	36.000
		高级技工	工日	3.333	4.000	4.000	6.000
材料	规格材组合柱		m^3	10.100	10.100	—	—
	胶合柱		m^3	—	—	10.000	10.000
	金属连接件		kg	22.500	30.000	200.000	300.000
	支撑木材		m^3	0.130	0.130	0.130	0.130
	镀锌螺纹钉		kg	6.500	8.500	—	—
	其他材料费		%	0.800	0.800	0.800	0.800
机械	汽车式起重机 20t		台班	2.932	2.444	2.932	2.444

3. 梁

工作内容：吊装，支撑就位、校正、垫实、固定。

计量单位：10m³

定额编号				3-8	3-9	3-10	3-11
项目				规格材组合梁		胶合梁	
				截面积(m²)			
				≤0.1	≤0.2	≤0.1	≤0.2
名称			单位	消耗量			
人工	合计工日		工日	46.667	53.333	60.000	80.000
	其中	普工	工日	14.000	16.000	18.000	24.000
		一般技工	工日	28.000	32.000	36.000	48.000
		高级技工	工日	4.667	5.333	6.000	8.000
材料	规格材组合梁		m³	10.100	10.100	—	—
	胶合梁		m³	—	—	10.000	10.000
	金属连接件		kg	15.000	22.500	75.000	100.000
	支撑木材		m³	0.130	0.130	0.130	0.130
	镀锌螺纹钉		kg	6.500	8.500	—	—
	其他材料费		%	0.800	0.800	0.800	0.800
机械	汽车式起重机 20t		台班	4.154	3.665	4.154	3.665

4. 墙

工作内容：装配木骨架墙体，钉镀锌螺纹钉，吊装、就位、校正、固定。

计量单位：10m²

定额编号				3-12	3-13	3-14	3-15
项目				墙体木骨架			墙面板铺装
				墙厚(mm)			
				≤120	≤180	≤240	
名称			单位	消耗量			
人工	合计工日		工日	2.666	3.000	4.000	1.200
	其中	普工	工日	0.799	0.900	1.200	0.360
		一般技工	工日	1.600	1.800	2.400	0.720
		高级技工	工日	0.267	0.300	0.400	0.120
材料	规格材木骨架		m³	0.016	0.026	0.034	—
	定向刨花板 δ12		m²	—	—	—	10.300
	支撑木材		m³	0.130	0.130	0.130	—
	镀锌螺纹钉		kg	0.020	0.020	0.035	0.060
	其他材料费		%	0.800	0.800	0.800	0.800
机械	汽车式起重机 20t		台班	0.096	0.115	0.139	—

5. 楼 板

工作内容：装配楼面格栅，吊装、就位、校正、固定，钉镀锌螺纹钉。　　**计量单位：**10m²

定额编号				3-16	3-17	3-18	3-19
项目				楼板格栅			桁架格栅
				格栅跨度(m)			
				≤3	≤4	≤5	>5
名称			单位	消耗量			
人工	合计工日		工日	3.333	4.000	4.533	5.000
	其中	普工	工日	1.000	1.200	1.360	1.500
		一般技工	工日	2.000	2.400	2.720	3.000
		高级技工	工日	0.333	0.400	0.453	0.500
材料	规格材格栅		m^3	0.037	0.043	0.052	—
	桁架格栅		m^3	—	—	—	0.051
	镀锌螺纹钉		kg	0.015	0.015	0.020	0.020
	其他材料费		%	0.800	0.800	0.800	0.800
机械	汽车式起重机 20t		台班	0.222	0.190	0.213	0.209

工作内容：安装格栅挂件；吊装、就位、校正、固定，钉镀锌螺纹钉，打结构胶。

定额编号				3-20	3-21
项目				格栅挂件	楼面板铺装
				10套	10m²
名称			单位	消耗量	
人工	合计工日		工日	0.333	1.333
	其中	普工	工日	0.100	0.400
		一般技工	工日	0.200	0.800
		高级技工	工日	0.033	0.133
材料	格栅挂件		套	10.000	—
	定向刨花板 $\delta 12$		m^2	—	10.100
	硅酮结构胶 300mL		支	—	5.000
	其他材料费		%	0.800	0.800

6. 楼　梯

工作内容：吊装、就位、校正、固定，钉镀锌螺纹钉。　　**计量单位**：$10m^2$

定额编号			3-22
项目			木楼梯
名称		单位	消耗量
人工	合计工日	工日	6.667
	其中 普工	工日	2.000
	其中 一般技工	工日	4.000
	其中 高级技工	工日	0.667
材料	规格材	m^3	0.450
	定向刨花板 δ18	m^2	13.700
	金属挂件	套	20.000
	其他材料费	%	0.800
机械	汽车式起重机 20t	台班	1.843

7. 屋　面

工作内容：吊装、就位、校正、固定，钉镀锌螺纹钉。　　**计量单位**：$10m^3$

定额编号			3-23	3-24	3-25	3-26
项目			椽条	桁架	屋面板铺装	
					两坡以内	两坡以上
					m^2	
名称		单位	消耗量			
人工	合计工日	工日	153.333	120.000	1.667	2.000
	其中 普工	工日	46.000	36.000	0.500	0.600
	其中 一般技工	工日	92.000	72.000	1.000	1.200
	其中 高级技工	工日	15.333	12.000	0.167	0.200
材料	规格材	m^3	10.100	10.100	—	—
	定向刨花板 δ12	m^2	—	—	10.500	12.500
	支撑木材	m^3	0.010	0.010	—	—
	镀锌螺纹钉	kg	2.500	2.200	0.035	0.045
	其他材料费	%	0.800	0.800	0.800	0.800
机械	汽车式起重机 20t	台班	1.098	1.246	—	—

工作内容:安装封檐板。　　　　**计量单位:**100m

定额编号				3-27	3-28
项目				封檐板	
				高度(cm)	
				≤20	≤30
名称			单位	消耗量	
人工	合计工日		工日	5.838	6.663
	其中	普工	工日	1.168	1.333
		一般技工	工日	2.043	2.332
		高级技工	工日	2.627	2.998
材料	规格材		m^3	0.630	0.945
	圆钉		kg	1.163	1.554

二、围护体系安装

工作内容:1. 龙骨基层上钉隔离层。
2. 清理基层,呼吸纸铺设。
3. 清理基层,保温岩棉铺设、双面胶纸固定。

计量单位:100m²

<table>
<tr><td colspan="3">定额编号</td><td>3-29</td><td>3-30</td><td>3-31</td></tr>
<tr><td colspan="3" rowspan="2">项目</td><td rowspan="2">石膏板铺设</td><td rowspan="2">呼吸纸铺设</td><td>岩棉铺设</td></tr>
<tr><td>10m³</td></tr>
<tr><td colspan="2">名称</td><td>单位</td><td colspan="3">消耗量</td></tr>
<tr><td rowspan="4">人工</td><td>合计工日</td><td>工日</td><td>4.968</td><td>3.333</td><td>26.648</td></tr>
<tr><td>其中 普工</td><td>工日</td><td>1.490</td><td>1.000</td><td>7.994</td></tr>
<tr><td>其中 一般技工</td><td>工日</td><td>2.981</td><td>2.000</td><td>15.989</td></tr>
<tr><td>其中 高级技工</td><td>工日</td><td>0.497</td><td>0.333</td><td>2.665</td></tr>
<tr><td rowspan="7">材料</td><td>纸面石膏板</td><td>m²</td><td>106.000</td><td>—</td><td>—</td></tr>
<tr><td>单向呼吸纸</td><td>m²</td><td>—</td><td>126.000</td><td>—</td></tr>
<tr><td>岩棉板 δ50</td><td>m³</td><td>—</td><td>—</td><td>10.400</td></tr>
<tr><td>气排钉</td><td>盒</td><td>0.918</td><td>—</td><td>—</td></tr>
<tr><td>聚乙烯薄膜</td><td>m²</td><td>—</td><td>—</td><td>42.000</td></tr>
<tr><td>双面胶纸</td><td>m</td><td>—</td><td>—</td><td>260.000</td></tr>
<tr><td>其他材料费</td><td>%</td><td>—</td><td>0.800</td><td>2.000</td></tr>
<tr><td>机械</td><td>电动空气压缩机 0.6m³/min</td><td>台班</td><td>1.480</td><td>—</td><td>—</td></tr>
</table>

第四章　建筑构件及部品工程

说 明

一、本章定额包括单元式幕墙安装、非承重隔墙安装、预制烟道及通风道安装、预制成品护栏安装和装饰成品部件安装五节,共47个定额项目。

二、单元式幕墙安装。

1.本章定额中的单元式幕墙是指由各种面板与支承框架在工厂制成,形成完整的幕墙结构基本单位后,运至施工现场直接安装在主体结构上的建筑幕墙。

2.单元式幕墙安装按安装高度不同,分别套用相应定额。单元式幕墙的安装高度是指室外设计地坪至幕墙顶部标高之间的垂直高度,单元式幕墙安装定额已综合考虑幕墙单元板块的规格尺寸、材质和面层材料不同等因素。同一建筑物的幕墙顶部标高不同时,应按不同高度的垂直界面计算并套用相应定额。

3.单元式幕墙设计为曲面或者斜面(倾斜角度大于30°)时,安装定额中人工消耗量乘以系数1.15。单元板块面层材料的材质不同时,可调整单元板块主材单价,其他不变。

4.如设计防火隔断中的镀锌钢板规格、含量与定额不同时,可按设计要求调整镀锌钢板主材价格,其他不变。

三、非承重隔墙安装。

1.非承重隔墙安装按板材材质,划分为钢丝网架轻质夹心隔墙板安装、轻质条板隔墙安装以及预制轻钢龙骨隔墙安装三类,各类板材按板材厚度分设定额项目。

2.非承重隔墙安装按单层墙板安装进行编制,如遇设计为双层墙板时,根据双层墙板各自的墙板厚度不同,分别套用相应单层墙板安装定额。若双层墙板中间设置保温、隔热或者隔声功能层的,发生时另行计算。

3."增加一道硅酸钙板"定额项目是指在预制轻钢龙骨隔墙板外所进行的面层补板。

4.非承重隔墙板安装定额已包括各类固定配件、补(填)缝、抗裂措施构造,以及板材遇门窗洞口所需切割改锯、孔洞加固的内容,发生时不另计算。

5.钢丝网架轻质夹心隔墙板安装定额中的板材,按聚苯乙烯泡沫夹心板编制,设计不同时可换算墙板主材,其他消耗量保持不变。

四、预制烟道及通风道安装。

1.预制烟道、通风道安装子目未包含进气口、支管、接口件的材料及安装人工消耗量。

2.预制烟道、通风道安装子目按照构件断面外包周长划分子目。如设计烟道、通风道规格与定额不同时,可按设计要求调整烟道、通风道规格及主材价格,其他不变。

3.成品风帽安装按材质不同划分为混凝土及钢制两类子目。

五、预制成品护栏安装。

预制成品护栏安装定额按护栏高度1.4m以内编制,护栏高度超过1.4m时,相应定额人工及除预制栏杆外的材料乘以系数1.1,其余不变。

六、装饰成品部件安装。

1.装饰成品部件涉及基层施工的,另按《房屋建筑与装饰工程消耗量定额》(TY 01—31—2015)的相应项目执行。

2.成品踢脚线安装定额根据踢脚线材质不同,以卡扣式直形踢脚线进行编制。遇弧形踢脚线时,相应定额人工消耗量乘以系数1.1,其余不变。

3.墙面成品木饰面面层安装以墙面形状不同划分为直形、弧形,发生时分别套用相应定额。

4.成品木门安装定额以门的开启方式、安装方法不同进行划分,相应定额均已包括相配套的门套安装；成品木质门（窗）套安装定额按门（窗）套的展开宽度不同分别进行编制，适用于单独门（窗）套的安装。成品木门（带门套）及单独安装的成品木质门（窗）套定额中，已包括了相应的贴脸及装饰线条安装人工及材料消耗量，不另单独计算。

5. 成品木门安装定额中的五金件，设计规格和数量与定额不同时，应进行调整换算。

6. 成品橱柜安装按上柜、下柜及台面板进行划分，分别套用相应定额。定额中不包括洁具五金、厨具电器等的安装，发生时另行计算。

7. 成品橱柜台面板安装定额的主材价格中已包含材料磨边及金属面板折边费用，不包括面板开孔费用；如设计的成品台面板材质与定额不同时，可换算台面板材料价格，其他不变。

工程量计算规则

一、单元式幕墙安装。

1. 单元式幕墙安装工程量按单元板块组合后设计图示尺寸的外围面积以"m^2"计算,不扣除依附于幕墙板块制作的窗、洞口所占的面积。

2. 防火隔断安装工程量按设计图示尺寸的投影面积以"m^2"计算。

3. 槽形预埋件及T形转换螺栓安装的工程量按设计图示数量以"个"计算。

二、非承重隔墙安装。

1. 非承重隔墙安装工程量按设计图示尺寸的墙体面积以"m^2"计算,应扣除门窗、洞口、嵌入墙内的钢筋混凝土柱、梁、圈梁等所占体积,不扣除梁头、板头、檩头、垫木、木楞头、沿缘木、木砖、门窗走头、砖墙内加固钢筋、木筋、铁件、钢管及单个面积≤0.3m^2 的孔洞所占的体积。

2. 非承重隔墙安装遇设计为双层墙板时,其工程量按单层面积乘以2计算。

3. 预制轻钢龙骨隔墙中增贴硅酸钙板的工程量按设计需增贴的面积以"m^2"计算。

三、预制烟道及通风道安装。

1. 预制烟道、通风道安装工程量按图示长度以"m"计算。

2. 成品风帽安装工程量按设计图示数量以"个"计算。

四、预制成品护栏安装。

预制成品护栏安装工程量按设计图示尺寸的中心线长度以"m"计算。

五、装饰成品部件安装。

1. 成品踢脚线安装工程量按设计图示长度以"m"计算。

2. 墙面成品木饰面安装工程量按设计图示面积以"m^2"计算。

3. 带门套成品木门安装工程量按设计图示数量以"樘"计算,成品门(窗)套安装工程量按设计图示洞口尺寸以"m"计算。

4. 成品橱柜安装工程量按设计图示尺寸的柜体中线长度以"m"计算,成品台面板安装工程量按设计图示尺寸的板面中线长度以"m"计算,成品洗漱台柜、成品水槽安装工程量按设计图示数量以"组"计算。

一、单元式幕墙安装

1. 单元式幕墙

工作内容：预埋件清理、幕墙板块定位、安装，板块间及板块连接件间固定、注胶、清洗、轨道行车折装。

计量单位：100m²

定额编号				4-1	4-2	4-3	4-4
项目				单元式幕墙			
				安装高度(m)			
				≤60	≤100	≤150	≤200
名称			单位	消耗量			
人工	合计工日		工日	45.331	57.509	65.416	73.775
	其中	普工	工日	9.066	11.502	13.083	14.755
		一般技工	工日	15.866	20.128	22.896	25.821
		高级技工	工日	20.399	25.879	29.437	33.199
材料	单元式幕墙(双层真空6+12+6)		m²	100.500	100.500	100.500	100.500
	耐候胶		L	6.150	6.150	6.150	6.150
	轨道(型钢)		t	0.065	0.065	0.065	0.065
	其他材料费		%	1.000	1.000	1.000	1.000
机械	2t 遥控轨道行车		台班	1.775	2.037	2.315	2.608
	叉式起重机 3t		台班	2.396	2.396	2.396	2.396

2. 防 火 隔 断

工作内容：防火隔断安装、注防火胶、表面清理。　　　　**计量单位：**$10m^2$

定额编号				4-5	4-6
项目				防火隔断	
				缝宽(mm)	
				≤200	每增加100
名称			单位	消耗量	
人工	合计工日		工日	15.280	1.555
	其中	普工	工日	3.056	0.311
		一般技工	工日	5.348	0.544
		高级技工	工日	6.876	0.700
材料	镀锌薄钢板 δ1.5		m^2	42.150	10.550
	岩棉板 δ100		m^3	2.040	1.020
	防火密封胶		L	12.000	—
	其他材料费		%	3.000	3.000

3. 槽形埋件及连接件

工作内容：槽形预埋件定位、放置、调整及开口封堵，槽形预埋件封口清理，T形转接螺栓安装。　　　　**计量单位：**100个

定额编号				4-7	4-8
项目				槽形埋件	T形转接螺栓
名称			单位	消耗量	
人工	合计工日		工日	11.560	1.640
	其中	普工	工日	2.312	0.328
		一般技工	工日	4.046	0.574
		高级技工	工日	5.202	0.738
材料	槽形埋件 L=300		个	101.000	—
	T形不锈钢螺栓 M16×70		个	—	101.000
	其他材料费		%	3.000	3.000

二、非承重隔墙安装

1. 钢丝网架轻质夹芯隔墙板

工作内容：现场清理、隔墙板块定位、固定配件安装、隔墙板块安装、板块间、门窗洞口等处钢丝网片、金属配件加固。

计量单位：100m²

定额编号				4-9	4-10	4-11
项目				钢丝网架轻质夹芯隔墙板安装		
				板厚(mm)		
				≤50	≤80	≤100
名称			单位	消耗量		
人工	合计工日		工日	4.983	5.562	6.220
	其中	普工	工日	0.997	1.112	1.244
		一般技工	工日	1.744	1.947	2.177
		高级技工	工日	2.242	2.503	2.799
材料	钢丝网架聚苯乙烯泡沫夹芯板 δ50		m²	102.000	—	—
	钢丝网架聚苯乙烯泡沫夹芯板 δ80		m²	—	102.000	—
	钢丝网架聚苯乙烯泡沫夹芯板 δ100		m²	—	—	102.000
	墙板固定金属配件(镀锌钢板)		kg	13.567	14.245	15.385
	金属膨胀螺栓		副	453.000	453.000	503.000
	镀锌钢丝网 $\phi3\times50\times50$		m²	66.200	66.200	66.200
	其他材料费		%	1.000	1.000	1.000

2. 轻质条板隔墙

工作内容：现场清理、隔墙板块定位、板块及固定配件安装、门窗洞口等处条板空心孔洞填塞、填灌缝、贴玻纤布、砂浆找平。

计量单位：100m²

定额编号				4-12	4-13	4-14	4-15
项目				轻质条板隔墙			
				板厚(mm)			
				≤100	≤120	≤150	≤200
名称			单位	消耗量			
人工	合计工日		工日	11.160	13.394	14.733	16.206
	其中	普工	工日	2.232	2.679	2.947	3.241
		一般技工	工日	3.906	4.688	5.156	5.672
		高级技工	工日	5.022	6.027	6.630	7.293
材料	轻质空心隔墙条板 δ100		m²	102.000	—	—	—
	轻质空心隔墙条板 δ120		m²	—	102.000	—	—
	轻质空心隔墙条板 δ150		m²	—	—	102.000	—
	轻质空心隔墙条板 δ200		m²	—	—	—	102.000
	墙板固定金属配件(镀锌钢板)		kg	30.062	34.571	43.590	55.614
	玻璃纤维网格布		m²	21.389	21.389	21.389	21.389
	聚合物干粉砂浆 M10		t	0.833	0.875	0.958	1.042
	非泵送商品混凝土 C15		m³	0.261	0.291	0.335	0.409
	钢筋 φ6		t	0.078	0.078	0.078	0.078
	合金钢切割片 φ300		片	2.214	2.546	2.927	3.367
	其他材料费		%	1.000	1.000	1.000	1.000
机械	砂轮切割机 φ350		台班	0.885	1.018	1.171	1.347

3. 预制轻钢龙骨隔墙

工作内容:1. 预制轻钢龙骨隔墙板安装:现场清理、弹线、隔墙板块、洞口定位、板块及固定配件安装、板缝填塞、与主体结构接合处贴玻纤布、隔声材料等。

2. 硅酸钙板安装:清理现场、在已装配好的隔墙板上布板、硅酸钙板安装。 **计量单位**:$100m^2$

定额编号				4-16	4-17	4-18	4-19
项目				预制轻钢龙骨隔墙板			增加一道硅酸钙板
				板厚(mm)			
				≤80	≤100	≤150	
名称			单位	消耗量			
人工	合计工日		工日	14.509	17.411	19.152	2.525
	其中	普工	工日	2.902	3.482	3.830	0.505
		一般技工	工日	5.078	6.094	6.703	0.884
		高级技工	工日	6.529	7.835	8.619	1.136
材料	预制轻钢龙骨内隔墙板 δ80		m^2	102.000	—	—	—
	预制轻钢龙骨内隔墙板 δ100		m^2	—	102.000	—	—
	预制轻钢龙骨内隔墙板 δ150		m^2	—	—	102.000	—
	硅酸钙板 δ10		m^2	—	—	—	105.000
	墙板固定金属配件(镀锌钢板)		kg	92.310	102.810	129.061	—
	墙板固定金属配件(不锈钢板)		kg	9.801	11.722	16.526	—
	金属膨胀螺栓		副	316.667	316.667	316.667	—
	玻璃棉毡		m^2	8.931	11.160	16.733	—
	玻璃纤维网格布		m^2	16.800	16.800	16.800	8.400
	合金钢切割片 φ300		片	3.720	4.278	4.920	1.302
	其他材料费		%	1.000	1.000	1.000	1.000
机械	砂轮切割机 φ350		台班	2.011	2.313	2.659	0.704
	电动空气压缩机 $0.6m^3/min$		台班	5.228	6.013	6.915	1.046

三、预制烟道及通风道安装

1. 预制烟道及通风道

工作内容：场地清理、预制构件就位、预制件上下层连接安装、墙、板连接处填塞密实。　**计量单位：**10m

定额编号				4-20	4-21	4-22
项目				预制烟道、通风道		
				断面周长(m)		
				≤1.5	≤2	≤2.5
名称			单位	消耗量		
人工	合计工日		工日	5.115	5.902	6.891
	其中	普工	工日	1.023	1.180	1.378
		一般技工	工日	1.790	2.066	2.412
		高级技工	工日	2.302	2.656	3.101
材料	钢丝网水泥排气道(450×300)		m	10.200	—	—
	钢丝网水泥排气道(400×500)		m	—	10.200	—
	钢丝网水泥排气道(550×600)		m	—	—	10.200
	聚合物干粉砂浆 M10		t	0.030	0.040	0.050
	角钢 40×20×4		kg	17.860	23.813	29.767
	干混砌筑砂浆 DM M10		m^3	0.193	0.258	0.322
	非泵送商品混凝土 C20		m^3	0.038	0.051	0.063
	焊丝 ϕ3.2		kg	0.011	0.015	0.019
	其他材料费		%	3.000	3.000	3.000
机械	交流弧焊机 32kV·A		台班	0.001	0.001	0.002
	干混砂浆罐式搅拌机		台班	0.019	0.026	0.032

2.成品风帽

工作内容:1.清理现场及底座预留孔、风帽就位、立柱安装及预留孔灌浆。
2.现场清理、金属风帽就位、风帽与底座连接。

计量单位:10个

定额编号				4-23	4-24
项目				成品风帽	
				混凝土	钢制
名称			单位	消耗量	
人工	合计工日		工日	8.609	4.809
	其中	普工	工日	1.722	0.962
		一般技工	工日	3.013	1.683
		高级技工	工日	3.874	2.164
材料	成品混凝土风帽		个	10.000	—
	不锈钢风帽		个	—	10.000
	干混砌筑砂浆 DM M10		m^3	0.060	—
	金属膨胀螺栓		副	—	60.600
	其他材料费		%	1.000	1.000
机械	干混砂浆罐式搅拌机		台班	0.006	—

四、预制成品护栏安装

工作内容:成品定制、构件运输、预埋铁件、切割、就位、校正、固定,焊接、打磨、安装,灌浆、填缝等全部操作过程。

计量单位:10m

定额编号				4-25	4-26	4-27
项目				预制成品护栏		
				混凝土	型钢	型钢玻璃
名称			单位	消耗量		
人工	合计工日		工日	2.702	3.940	3.573
	其中	普工	工日	0.541	0.789	1.072
		一般技工	工日	0.946	1.380	2.144
		高级技工	工日	1.215	1.771	0.357
材料	预制混凝土护栏		m	10.050	—	—
	预制型钢护栏		m	—	10.050	—
	预制型钢玻璃护栏		m	—	—	10.050
	低碳钢焊条(综合)		kg	2.500	2.500	2.500
	预埋铁件		kg	21.800	13.360	16.032
	其他材料费		%	1.000	1.000	1.000
机械	交流弧焊机 32kV·A		台班	0.250	0.230	0.240

五、装饰成品部件安装

1. 成品踢脚线

工作内容:基层清理、定位、固定、安装踢脚线等全部操作过程。　　　　**计量单位:**10m

定额编号				4-28	4-29
项目				成品卡扣式踢脚线	
				实木	金属
名称			单位	消耗量	
人工	合计工日		工日	0.338	0.338
	其中	普工	工日	0.068	0.068
		一般技工	工日	0.118	0.118
		高级技工	工日	0.152	0.152
材料	成品木质踢脚线高80		m	10.500	—
	成品金属踢脚线高80		m	—	10.500
	卡扣		kg	2.800	2.900
	其他材料费		%	1.000	1.000

2. 墙面成品木饰面

工作内容:基层清理、定位、固定、安装木饰面面层等全部操作过程。　　　　**计量单位:**$10m^2$

定额编号				4-30	4-31
项目				墙面成品木饰面面层安装	
				直形	弧形
名称			单位	消耗量	
人工	合计工日		工日	1.686	1.853
	其中	普工	工日	0.338	0.371
		一般技工	工日	0.590	0.649
		高级技工	工日	0.758	0.833
材料	成品木饰面(直形)		m^2	10.500	—
	成品木饰面(弧形)		m^2	—	10.500
	圆钉		kg	0.660	0.750
	不锈钢枪钉		盒	0.180	0.200
	合金钢钻头 $\phi10$		个	0.270	0.300
	其他材料费		%	1.000	1.000

3. 成 品 木 门

工作内容：测量定位、门及门套运输安装、五金配件安装调试等全部操作过程。 **计量单位：**樘

定额编号				4-32	4-33	4-34	4-35
项目				带门套成品装饰平开复合木门		带门套成品装饰平开实木门	
				单开	双开	单开	双开
名称			单位	消耗量			
人工	合计工日		工日	0.674	1.012	0.809	1.213
	其中	普工	工日	0.135	0.203	0.162	0.243
		一般技工	工日	0.236	0.354	0.283	0.425
		高级技工	工日	0.303	0.455	0.364	0.545
材料	成品装饰单开木门及门套 0.9m × 2.1m(复合)		樘	1.000	—	—	—
	成品装饰双开木门及门套 1.5m × 2.4m(复合)		樘	—	1.000	—	—
	成品装饰单开木门及门套 0.9m × 2.1m(实木)		樘	—	—	1.000	—
	成品装饰双开木门及门套 1.5m × 2.4m(实木)		樘	—	—	—	1.000
	不锈钢合页		个	2.020	4.040	3.030	6.060
	单开门锁		把	1.000	—	1.000	—
	双开门锁		把	—	1.000	—	1.000
	门磁吸		只	1.000	2.000	1.000	2.000
	大门暗插销		副	—	2.000	—	2.000
	发泡剂 750mL		支	1.000	1.300	1.000	1.300
	其他材料费		%	1.000	1.000	1.000	1.000

工作内容：测量定位、门扇运输安装、五金配件安装调试等全部操作过程。　　**计量单位：**樘

定额编号				4-36	4-37
项目				带门套成品推拉木门	
				吊装式	落地式
名称			单位	消耗量	
人工	合计工日		工日	2.184	2.427
	其中	普工	工日	0.437	0.486
		一般技工	工日	0.765	0.850
		高级技工	工日	0.982	1.091
材料	吊装式成品移门 0.8m×2m		扇	1.000	—
	落地式成品移门 0.8m×2m		扇	—	1.000
	门套线		m	3.600	3.600
	U 形铝合金吊轨		m	2.000	—
	铝合金地轨		m	—	2.000
	金属吊轮		只	2.000	—
	定位器		只	2.000	1.000
	其他材料费		%	1.000	1.000

工作内容：基层清理、定位、固定、安装面层等全过程。　　**计量单位：**10m

定额编号				4-38	4-39	4-40	4-41
项目				成品木质门套		成品木质窗套	
				门套断面展开宽度(mm)		窗套断面展开宽度(mm)	
				≤250	>250	≤200	>200
名称			单位	消耗量			
人工	合计工日		工日	0.809	0.943	0.607	0.674
	其中	普工	工日	0.162	0.189	0.122	0.135
		一般技工	工日	0.283	0.330	0.212	0.236
		高级技工	工日	0.364	0.424	0.273	0.303
材料	成品木质门套 展开宽度 250		m	10.500	—	—	—
	成品木质门套 展开宽度 300		m	—	10.500	—	—
	成品木质窗套 展开宽度 200		m	—	—	10.500	—
	成品木质窗套 展开宽度 300		m	—	—	—	10.500
	发泡剂 750mL		支	2.000	2.500	0.800	1.000
	其他材料费		%	1.000	1.000	1.000	1.000

4. 成品橱柜

工作内容:测量,工厂定制橱柜,表面清理,固定,安装等全部操作过程。

定额编号				4-42	4-43	4-44
项目				成品橱柜		
				上柜	下柜	水槽
				10m		组
名称			单位	消耗量		
人工	合计工日		工日	2.899	2.629	0.068
	其中	普工	工日	0.581	0.527	0.014
		一般技工	工日	1.015	0.920	0.024
		高级技工	工日	1.303	1.182	0.030
材料	成品橱柜 上柜 400×700		m	10.000	—	—
	成品橱柜 下柜 550×900		m	—	10.000	—
	不锈钢水槽		组	—	—	1.000
	密封胶 350mL		支	1.000	1.000	1.000
	其他材料费		%	1.000	1.000	1.000

工作内容:测量、成品定制、装配、五金件安装、表面清理。

定额编号				4-45	4-46	4-47
项目				成品橱柜		成品洗漱台柜
				台面板		
				人造石	不锈钢	
				10m		组
名称			单位	消耗量		
人工	合计工日		工日	1.348	1.213	0.595
	其中	普工	工日	0.270	0.243	0.236
		一般技工	工日	0.472	0.425	0.303
		高级技工	工日	0.606	0.545	0.056
材料	成品人造石台面板 宽 550 厚 12		m	10.500	—	—
	成品不锈钢台面板 宽 550 厚 12		m	—	10.500	—
	成品洗漱台柜 1.5m×0.5m×0.9m		组	—	—	1.000
	密封胶 350mL		支	3.390	3.390	1.000
	其他材料费		%	1.000	1.000	1.000

第五章　措 施 项 目

说 明

一、本章定额包括工具式模板、脚手架工程、垂直运输三节,共42个定额项目。

二、工具式模板。

1. 工具式模板指组成模板的模板结构和构配件为定型化标准化产品,可多次重复利用,并按规定的程序组装和施工,本章定额中的工具式模板按铝合金模板编制。

2. 铝合金模板系统是由铝模板系统、支撑系统、紧固系统和附件系统构成,本定额中铝合金模板的材料摊销次数按90次考虑。

3. 现浇混凝土柱(不含构造柱)、墙、梁(不含圈、过梁)、板是按高度(板面或地面、垫层面至上层板面的高度)3.6m综合考虑。如遇斜板面结构时,柱分别按各柱的中心高度为准;墙按分段墙的平均高度为准;框架梁按每跨两端的支座平均高度为准;板(含梁板合计的梁)按高点与低点的平均高度为准。

4. 异形柱、梁,是指柱、梁的断面形状为L形、十字形、T形等的柱、梁。圆形柱模板执行异形柱模板。

5. 有梁板模板定额项目已综合考虑了有梁板中弧形梁的情况,梁和板应作为整体套用。弧形梁模板为独立弧形梁模板。圈梁的弧形部分模板按相应圈梁模板套用定额乘以系数1.2计算。

三、脚手架工程。

1. 本章定额脚手架工程包括钢结构工程综合脚手架和工具式脚手架两部分。工具式脚手架是指组成脚手架的架体结构和构配件为定型化标准化产品,可多次重复利用,按规定的程序组装和施工,包括附着式电动整体提升架和电动高空作业吊篮。

2. 钢结构工程的综合脚手架定额,包括外墙砌筑及外墙粉饰、3.6m以内的内墙砌筑及混凝土浇捣用脚手架以及内墙面和天棚粉饰脚手架。对执行综合脚手架定额以外,还需另行计算单项脚手架费用的,按《房屋建筑与装饰工程消耗量定额》(TY 01—31—2015)第十七章“措施项目”的相应项目及规定执行。

3. 单层厂房综合脚手架定额适用于檐高6m以内的钢结构建筑,若檐高超过6m,则按每增加1m定额计算。

4. 多层厂房综合脚手架定额适用于檐高20m以内且层高在6m以内的钢结构建筑,若檐高超过20m或层高超过6m,应分别按每增加1m定额计算。

5. 附着式电动整体提升架定额适用于高层建筑的外墙施工。

6. 电动作业高空吊篮定额适用于外立面装饰用脚手架。

四、垂直运输。

1. 本定额适用于住宅钢结构工程的垂直运输费用计算,高层商务楼、商住楼等钢结构工程可参照执行。

2. 厂(库)房钢结构工程的垂直运输费用已包括在相应的安装定额项目内,不另单独计算。

工程量计算规则

一、模板工程。

1. 铝合金模板工程量按模板与混凝土的接触面积计算。

2. 现浇钢筋混凝土墙、板上单孔面积≤0.3m^2的孔洞不予扣除，洞侧壁模板亦不增加，单孔面积>0.3m^2时应予扣除，洞侧壁模板面积并入墙、板模板工程量内计算。

3. 柱与梁、柱与墙、梁与梁等连接重叠部分以及伸入墙内的梁头、板头与砖接触部分，均不计算模板面积。

4. 楼梯模板工程量按水平投影面积计算。

二、脚手架工程。

1. 综合脚手架按设计图示尺寸以建筑面积计算。

2. 附着式电动整体提升架按提升范围的外墙外边线长度乘以外墙高度以面积计算，不扣除门窗、洞口所占面积。

3. 电动作业高空吊篮按外墙垂直投影面积计算，不扣除门窗、洞口所占面积。

三、垂直运输。

住宅钢结构工程垂直运输机械台班用量，区分不同建筑物结构及檐高按建筑面积计算。

一、工具式模板

1.柱　模　板

工作内容:1. 模板制作。
2. 模板安装、拆除、整理堆放及场内运输。
3. 清理模板黏结物及模内杂物、刷隔离剂、封堵孔洞等。

计量单位:100m²

定额编号				5-1	5-2	5-3
项目				矩形柱	异形柱	柱支撑 高度超过3.6m,每增加1m
名称			单位	消耗量		
人工	合计工日		工日	24.640	32.030	1.720
人工	其中	普工	工日	7.392	9.609	0.516
人工	其中	一般技工	工日	14.784	19.218	1.032
人工	其中	高级技工	工日	2.464	3.203	0.172
材料	铝模板		kg	33.600	37.970	—
材料	零星卡具		kg	20.330	21.350	14.670
材料	斜支撑杆件 $\phi48 \times 3.5$		套	0.260	0.270	0.460
材料	对拉螺栓		kg	9.260	9.720	6.670
材料	销钉销片		套	77.760	81.650	—
材料	水性脱模剂		kg	3.600	3.780	—
材料	其他材料费		%	0.020	0.020	0.020
机械	载重汽车 6t		台班	0.490	0.540	0.190

2. 梁 模 板

工作内容：1. 模板制作。
2. 模板安装、拆除、整理堆放及场内运输。
3. 清理模板黏结物及模内杂物、刷隔离剂、封堵孔洞等。

计量单位：100m²

定额编号				5-4	5-5	5-6
项目				矩形梁	异形梁	梁支撑 高度超过3.6m，每增加1m
名称			单位	消耗量		
人工	合计工日		工日	24.200	30.090	2.280
	其中	普工	工日	7.260	9.027	0.684
		一般技工	工日	14.520	18.054	1.368
		高级技工	工日	2.420	3.009	0.228
材料	铝模板		kg	32.980	37.260	—
	立支撑杆件 φ48×3.5		套	0.880	0.920	0.290
	销钉销片		套	75.600	79.380	—
	水性脱模剂		kg	3.670	3.850	—
	其他材料费		%	0.020	0.020	0.020
机械	载重汽车 6t		台班	0.360	0.400	0.030

3. 墙 模 板

工作内容：1. 模板制作。
2. 模板安装、拆除、整理堆放及场内运输。
3. 清理模板黏结物及模内杂物、刷隔离剂、封堵孔洞等。

计量单位：100m²

定额编号				5-7	5-8
项目				直形墙	墙支撑 高度超过3.6m，每增加1m
名称			单位	消耗量	
人工	合计工日		工日	22.000	2.070
	其中	普工	工日	6.600	0.621
		一般技工	工日	13.200	1.242
		高级技工	工日	2.200	0.207
材料	铝模板		kg	34.220	—
	零星卡具		kg	20.220	11.330
	斜支撑杆件 φ48×3.5		套	0.250	0.340
	对拉螺栓		kg	2.610	1.090
	销钉销片		套	79.200	—
	水性脱模剂		kg	3.470	—
	其他材料费		%	0.020	0.020
机械	载重汽车 6t		台班	0.490	0.140

4. 板　模　板

工作内容：1. 模板制作。

2. 模板安装、拆除、整理堆放及场内运输。

3. 清理模板黏结物及模内杂物、刷隔离剂、封堵孔洞等。

计量单位：$100m^2$

定额编号			5-9	5-10
项　目			板	板支撑
				高度超过3.6m，每增加1m
名　称		单位	消耗量	
人工	合计工日	工日	23.320	2.650
	其中 普工	工日	6.996	0.795
	一般技工	工日	13.992	1.590
	高级技工	工日	2.332	0.265
材料	铝模板	kg	32.670	—
	立支撑杆件 $\phi48\times3.5$	套	0.560	0.190
	销钉销片	套	75.600	—
	水性脱模剂	kg	3.470	—
	其他材料费	%	0.020	0.020
机械	载重汽车 6t	台班	0.330	0.020

5. 其他构件模板

工作内容：1. 模板制作。

2. 模板安装、拆除、整理堆放及场内运输。

3. 清理模板黏结物及模内杂物、刷隔离剂、封堵孔洞等。

计量单位：$10m^2$

定额编号			5-11
项　目			整体楼梯
			普通型
名　称		单位	消耗量
人工	合计工日	工日	10.090
	其中 普工	工日	3.027
	一般技工	工日	6.054
	高级技工	工日	1.009
材料	铝模板	kg	13.890
	立支撑杆件 $\phi48\times3.5$	套	0.170
	销钉销片	套	31.580
	水性脱模剂	kg	1.380
	其他材料费	%	0.020
机械	载重汽车 6t	台班	0.130

二、脚手架工程

1. 钢结构工程综合脚手架

(1)厂(库)房钢结构工程

工作内容:1. 场内、场外材料搬运。
2. 搭、拆脚手架、挡脚板、上下翻板子。
3. 拆除脚手架后材料的堆放。

计量单位:100m²

定额编号				5-12	5-13
项目				单层厂房	
				檐高(m)	
				≤6	每增加1m
名称			单位	消耗量	
人工	合计工日		工日	1.800	0.387
	其中	普工	工日	0.540	0.116
		一般技工	工日	1.080	0.232
		高级技工	工日	0.180	0.039
材料	脚手架钢管		kg	13.437	3.053
	扣件		个	5.441	1.273
	木脚手板		m³	0.035	0.007
	脚手架钢管底座		个	0.069	0.012
	镀锌铁丝 φ4.0		kg	4.014	0.682
	圆钉		kg	1.364	0.090
	红丹防锈漆		kg	1.326	0.308
	油漆溶剂油		kg	0.115	0.027
	钢丝绳 φ8		m	0.084	0.020
	原木		m³	0.001	—
	垫木 60×60×60		块	0.586	0.100
	防滑木条		m³	0.001	—
	挡脚板		m³	0.003	0.001
机械	载重汽车 6t		台班	0.046	0.010

工作内容:1. 场内、场外材料搬运。

2. 搭、拆脚手架、挡脚板、上下翻板子。

3. 拆除脚手架后材料的堆放。

计量单位:$100m^2$

定额编号				5-14	5-15
项目				多层厂房	
				檐高 20m 以内、层高 6m 内	每增加 1m
名称			单位	消耗量	
人工	合计工日		工日	2.333	0.749
	其中	普工	工日	0.700	0.288
		一般技工	工日	1.400	0.173
		高级技工	工日	0.233	0.288
材料	脚手架钢管		kg	10.388	2.278
	扣件		个	4.180	0.950
	木脚手板		m^3	0.032	0.005
	脚手架钢管底座		个	0.050	0.009
	镀锌铁丝 ϕ4.0		kg	3.616	0.477
	圆钉		kg	3.487	0.063
	红丹防锈漆		kg	1.016	0.230
	油漆溶剂油		kg	0.096	0.020
	钢丝绳 ϕ8		m	0.060	0.027
	原木		m^3	0.001	—
	垫木 60×60×60		块	0.417	0.093
	防滑木条		m^3	0.001	—
	挡脚板		m^3	0.002	0.001
机械	载重汽车 6t		台班	0.073	0.007

(2)住宅钢结构工程

工作内容:1. 场内、场外材料搬运。
2. 搭、拆脚手架、挡脚板、上下翻板子。
3. 拆除脚手架后材料的堆放。

计量单位:100m²

定额编号				5-16	5-17	5-18	5-19
项目				檐高(m)			
				≤20	≤30	≤40	≤50
名称			单位	消耗量			
人工	合计工日		工日	5.417	6.279	7.651	8.146
	其中	普工	工日	1.625	1.884	2.295	2.438
		一般技工	工日	3.250	3.767	4.591	4.896
		高级技工	工日	0.542	0.628	0.765	0.812
材料	脚手架钢管		kg	31.775	40.427	40.254	45.155
	扣件		个	12.744	16.602	16.631	18.661
	木脚手板		m³	0.080	0.093	0.088	0.097
	脚手架钢管底座		个	0.170	0.175	0.140	0.158
	镀锌铁丝 φ4.0		kg	7.919	8.438	8.492	8.370
	圆钉		kg	3.534	3.665	2.752	2.345
	红丹防锈漆		kg	2.909	3.823	4.191	4.703
	油漆溶剂油		kg	0.252	0.335	0.344	0.384
	钢丝绳 φ8		m	0.222	0.517	0.604	0.602
	原木		m³	0.002	0.003	0.003	0.002
	垫木 60×60×60		块	1.286	1.305	1.052	1.184
	防滑木条		m³	0.001	0.001	0.001	0.001
	挡脚板		m³	0.005	0.005	0.005	0.006
	槽钢 18#以外		kg	—	—	17.202	19.352
	圆钢 φ15~24		kg	—	—	3.354	3.774
	扁钢(综合)		kg	—	—	0.672	0.756
	钢管 D63		kg	—	—	0.188	0.212
	顶丝		个	—	—	0.672	0.756
	钢丝绳 φ12.5		m	—	—	0.350	0.524
	管卡子(钢管用) 20		个	—	—	0.250	0.375
	花篮螺栓 M6×250		个	—	—	0.062	0.070
	预拌混凝土 C20		m³	—	—	0.001	0.001
	钢筋 φ10 以内		kg	—	—	0.025	0.038
机械	载重汽车 6t		台班	0.250	0.267	0.178	0.182

工作内容:1. 场内、场外材料搬运。
2. 搭、拆脚手架、挡脚板、上下翻板子。
3. 拆除脚手架后材料的堆放。

计量单位:100m²

定额编号				5-20	5-21	5-22	5-23
项　目				檐高(m)			
				≤70	≤90	≤110	≤120
名　称			单位	消　耗　量			
人工	合计工日		工日	8.490	8.852	10.449	10.666
	其中	普工	工日	2.544	2.260	3.135	3.200
		一般技工	工日	5.088	5.650	6.269	6.399
		高级技工	工日	0.858	0.942	1.045	1.067
材料	脚手架钢管		kg	50.631	59.286	71.330	72.973
	扣件		个	21.118	25.047	30.464	31.325
	木脚手板		m³	0.098	0.110	0.118	0.120
	脚手架钢管底座		个	0.137	0.137	0.137	0.134
	镀锌铁丝 φ4.0		kg	7.444	7.822	7.899	7.896
	圆钉		kg	2.196	2.238	2.261	2.276
	红丹防锈漆		kg	6.459	8.390	9.337	9.784
	油漆溶剂油		kg	0.443	0.536	0.666	0.700
	钢丝绳 φ8		m	0.551	0.670	0.999	1.089
	原木		m³	0.002	0.003	0.003	0.003
	垫木 60×60×60		块	2.989	3.626	4.456	4.587
	防滑木条		m³	0.001	0.001	0.001	0.001
	挡脚板		m³	0.006	0.006	0.007	0.007
	槽钢 18#以外		kg	16.593	19.356	21.116	19.356
	圆钢 φ15~24		kg	3.236	3.775	4.118	3.775
	扁钢(综合)		kg	0.646	0.756	1.268	1.661
	钢管 D63		kg	0.182	0.212	0.355	0.465
	顶丝		个	0.648	0.756	0.824	0.756
	钢丝绳 φ12.5		m	0.449	0.524	0.571	0.574
	管卡子(钢管用) 20		个	0.241	0.281	0.306	0.281
	花篮螺栓 M6×250		个	0.060	0.070	0.077	0.070
	预拌混凝土 C20		m³	0.001	0.001	0.001	0.001
	钢筋 φ10 以内		kg	0.032	0.038	0.031	0.038
	钢脚手板		kg	0.605	0.605	0.605	0.605
	提升装置及架体		套	0.009	0.009	0.009	0.009
机械	载重汽车 6t		台班	0.182	0.189	0.189	0.189

工作内容：1. 场内、场外材料搬运。
2. 搭、拆脚手架、挡脚板、上下翻板子。
3. 拆除脚手架后材料的堆放。

计量单位：100m²

定额编号			5-24	5-25	5-26	5-27
项目			檐高(m)			
			≤130	≤140	≤150	≤160
名称		单位	消耗量			
人工	合计工日	工日	11.580	12.017	12.577	13.687
其中	普工	工日	3.474	3.605	3.773	4.112
	一般技工	工日	6.948	7.210	7.546	8.204
	高级技工	工日	1.158	1.202	1.258	1.371
材料	脚手架钢管	kg	75.774	77.259	79.447	81.584
	扣件	个	32.723	33.543	34.696	35.841
	木脚手板	m³	0.124	0.126	0.130	0.133
	脚手架钢管底座	个	0.132	0.129	0.127	0.125
	镀锌铁丝 φ4.0	kg	8.027	8.005	8.062	8.113
	圆钉	kg	2.315	2.332	2.364	2.399
	红丹防锈漆	kg	10.838	11.344	12.265	13.260
	油漆溶剂油	kg	0.777	0.856	0.950	1.057
	钢丝绳 φ8	m	1.188	1.296	1.061	1.543
	原木	m³	0.003	0.003	0.004	0.004
	垫木 60×60×60	块	4.771	4.897	5.055	5.212
	防滑木条	m³	0.001	0.001	0.001	0.001
	挡脚板	m³	0.008	0.008	0.008	0.008
	槽钢 18#以外	kg	22.339	20.738	19.356	21.780
	圆钢 φ15~24	kg	4.357	4.045	3.775	4.248
	扁钢(综合)	kg	2.237	3.483	4.259	6.452
	钢管 D63	kg	0.626	0.975	1.193	1.807
	顶丝	个	0.872	0.810	0.756	0.851
	钢丝绳 φ12.5	m	0.604	0.561	0.524	0.590
	管卡子(钢管用) 20	个	0.324	0.301	0.281	0.316
	花篮螺栓 M6×250	个	0.081	0.075	0.070	0.079
	预拌混凝土 C20	m³	0.001	0.001	0.002	0.002
	钢筋 φ10 以内	kg	0.043	0.040	0.038	0.032
	钢脚手板	kg	0.605	0.605	0.605	0.605
	提升装置及架体	套	0.009	0.009	0.009	0.009
机械	载重汽车 6t	台班	0.189	0.189	0.189	0.191

工作内容：1. 场内、场外材料搬运。
2. 搭、拆脚手架、挡脚板、上下翻板子。
3. 拆除脚手架后材料的堆放。

计量单位：100m²

定额编号				5-28	5-29	5-30	5-31
项目				檐高(m)			
				≤170	≤180	≤190	≤200
名称			单位	消耗量			
人工	合计工日		工日	14.508	15.856	16.962	18.286
	其中	普工	工日	4.352	4.757	5.091	5.486
		一般技工	工日	8.705	9.513	10.174	10.971
		高级技工	工日	1.451	1.586	1.697	1.829
材料	脚手架钢管		kg	83.812	85.998	88.145	90.243
	扣件		个	37.044	38.246	39.449	40.649
	木脚手板		m³	0.137	0.140	0.144	0.147
	脚手架钢管底座		个	0.123	0.121	0.120	0.118
	镀锌铁丝 ϕ4.0		kg	8.172	8.226	8.276	8.322
	圆钉		kg	2.438	2.481	2.528	2.578
	红丹防锈漆		kg	19.215	15.674	17.070	18.619
	油漆溶剂油		kg	1.179	1.317	1.474	1.653
	钢丝绳 ϕ8		m	1.684	1.837	2.004	2.186
	原木		m³	0.004	0.004	0.004	0.004
	垫木 60×60×60		块	5.374	5.536	5.696	5.856
	防滑木条		m³	0.001	0.001	0.001	0.001
	挡脚板		m³	0.008	0.008	0.008	0.008
	槽钢 18#以外		kg	20.496	30.067	21.395	20.323
	圆钢 ϕ15～24		kg	3.998	4.404	4.173	3.964
	扁钢(综合)		kg	9.458	12.740	18.296	25.460
	钢管 D63		kg	2.648	3.567	5.120	7.129
	顶丝		个	0.800	0.882	0.836	0.794
	钢丝绳 ϕ12.5		m	0.555	0.612	0.579	0.550
	管卡子(钢管用) 20		个	0.297	0.328	0.310	0.295
	花篮螺栓 M6×250		个	0.074	0.082	0.077	0.074
	预拌混凝土 C20		m³	0.002	0.002	0.002	0.002
	钢筋 ϕ10 以内		kg	0.030	0.033	0.031	0.029
	钢脚手板		kg	0.605	0.605	0.605	0.605
	提升装置及架体		套	0.009	0.009	0.009	0.009
机械	载重汽车 6t		台班	0.191	0.191	0.191	0.191

2. 工具式脚手架

(1)附着式电动整体提升架

工作内容:1. 场内、场外材料搬运。
2. 选择附墙点与主体连接。
3. 搭、拆脚手架。
4. 测试电动装置、安全锁等。
5. 拆除脚手架后材料的堆放。

计量单位:100m²

定额编号				5-32
项目				电动整体提升架
名称			单位	消耗量
人工	合计工日		工日	12.296
	其中	普工	工日	3.689
		一般技工	工日	7.377
		高级技工	工日	1.230
材料	木脚手板		m^3	0.060
	镀锌铁丝 ϕ4.0		kg	4.980
	提升装置及架体		套	0.090
	钢丝绳 ϕ8		m	0.150
	钢脚手板		kg	6.150
机械	载重汽车 6t		台班	0.210

(2)电动高空作业吊篮

工作内容:1. 场内、场外材料搬运。
2. 吊篮的安装。
3. 测试电动装置、安全锁、平衡控制器等。
4. 吊篮的拆卸。

计量单位:100m²

定额编号				5-33
项目				电动高空作业吊篮
名称			单位	消耗量
人工	合计工日		工日	1.586
	其中	普工	工日	0.476
		一般技工	工日	0.951
		高级技工	工日	0.159
机械	电动吊篮 0.63t		台班	0.017
	载重汽车 6t		台班	0.010

三、垂直运输

住宅钢结构工程

工作内容：单位工程合理工期内完成全部工程所需要的垂直运输全部操作过程。 **计量单位：**100m²

定额编号				5-34	5-35	5-36	5-37
项目				檐高(m)			
				≤20	≤30	≤50	≤90
名称			单位	消耗量			
人工	合计工日		工日	4.104	4.560	4.728	4.785
	其中	普工	工日	3.694	4.104	4.255	4.307
		一般技工	工日	0.410	0.456	0.473	0.478
机械	自升式塔式起重机 400kN·m		台班	1.642	1.824	—	—
	自升式塔式起重机 600kN·m		台班	—	—	1.744	—
	自升式塔式起重机 800kN·m		台班	—	—	—	1.712
	对讲机(一对)		台班	1.642	1.824	2.488	2.736
	单笼施工电梯 1t 75m		台班	1.368	1.520	—	—
	双笼施工电梯 2×1t 100m		台班	—	—	2.072	2.280

工作内容：单位工程合理工期内完成全部工程所需要的垂直运输全部操作过程。 **计量单位：**100m²

定额编号				5-38	5-39	5-40	5-41	5-42
项目				檐高(m)				
				≤120	≤140	≤160	≤180	≤200
名称			单位	消耗量				
人工	合计工日		工日	4.800	4.824	4.832	4.840	4.848
	其中	普工	工日	4.320	4.342	4.349	4.356	4.363
		一般技工	工日	0.480	0.482	0.483	0.484	0.485
机械	自升式塔式起重机 1000kN·m		台班	1.604	1.688	—	—	—
	自升式塔式起重机 2500kN·m		台班	—	—	1.680	—	—
	自升式塔式起重机 3000kN·m		台班	—	—	—	1.588	1.672
	对讲机(一对)		台班	2.656	2.816	2.896	2.960	3.008
	双笼施工电梯 2×1t 200m		台班	2.328	2.368	2.408	2.464	2.504

附录　装配式建筑工程投资估算指标(参考)

编 制 说 明

一、本指标是依据装配式建筑工程有代表性的经济技术整理编制而成,可作为标准化设计、工厂化生产、装配化施工的新建、扩建装配式建筑工程项目投资估算的参考。

二、依据装配式建筑工程的特点和工程实际,本指标分装配式混凝土住宅工程和装配式钢结构住宅工程。其中装配式混凝土住宅工程分小高层和高层两大类,按照PC率为20%、40%、50%和60%测算建安造价和估算指标;钢结构工程测算高层住宅的建安造价和估算指标。

三、编制说明。

1. 本指标按预备费5%、工程建设其他费用10%、建安费用85%编制。

2. 本指标仅考虑±0.00以上部分造价,未包括基础和地下室。

3. 本指标按照2016年6月的市场价格编制。

4. 本指标仅供参考。

一、装配式混凝土住宅工程投资估算指标(参考)

1. 装配式混凝土小高层住宅,PC率20%(±0.00以上)

指标编号	1-1		
项目名称	单位	金额	占比(%)
估算参考指标	元/m^2	1990.00	100.00
建安费用	元/m^2	1691.77	85.00
工程建设其他费用	元/m^2	199.00	10.00
预备费	元/m^2	100.00	5.00
建筑安装工程单方造价			
项目名称	单位	金额	占总建安费用比例(%)
人工费	元/m^2	324.00	19.15
材料费	元/m^2	1114.00	65.85
机械费	元/m^2	51.55	3.05
组织措施费	元/m^2	39.79	2.35
企业管理费	元/m^2	42.63	2.52
规费	元/m^2	35.52	2.10
利润	元/m^2	25.86	1.53
税金	元/m^2	58.42	3.45
建安造价合计	元/m^2	1691.77	100.00
人工、主要材料消耗量			
人工、材料名称	单位	单方用量	备注
人工	工日	2.70	
钢材	kg	36.90	不含构件中钢筋
商品混凝土	m^3	0.27	不含构件中商品混凝土
预制构件	m^3	0.068	

2. 装配式混凝土小高层住宅,PC 率 40%(±0.00 以上)

指标编号		1-2		
项目名称		单位	金额	占比(%)
估算参考指标		元/m²	2134	100.00
其中	建安费用	元/m²	1813	85.00
	工程建设其他费用	元/m²	213	10.00
	预备费	元/m²	107	5.00
建筑安装工程单方造价				
项目名称		单位	金额	占总建安费用比例(%)
人工费		元/m²	288.00	15.88
材料费		元/m²	1286.00	70.91
机械费		元/m²	48.15	2.66
组织措施费		元/m²	35.61	1.96
企业管理费		元/m²	38.16	2.10
规费		元/m²	31.80	1.75
利润		元/m²	23.15	1.28
税金		元/m²	62.63	3.45
建安造价合计		元/m²	1813.49	100.00
人工、主要材料消耗量				
人工、材料名称		单位	单方用量	备注
人工		工日	2.40	
钢材		kg	28.04	不含构件中钢筋
商品混凝土		m³	0.20	不含构件中商品混凝土
预制构件		m³	0.136	

3.装配式混凝土小高层住宅,PC率50%(±0.00以上)

指标编号	1-3		
项目名称	单位	金额	占比(%)
估算参考指标	元/m²	2205.00	100.00
建安费用	元/m²	1874.11	85.00
工程建设其他费用	元/m²	221.00	10.00
预备费	元/m²	110.00	5.00
建筑安装工程单方造价			
项目名称	单位	金额	占总建安费用比例(%)
人工费	元/m²	270.00	14.41
材料费	元/m²	1372.00	73.21
机械费	元/m²	46.45	2.48
组织措施费	元/m²	33.52	1.79
企业管理费	元/m²	35.92	1.92
规费	元/m²	29.93	1.60
利润	元/m²	21.56	1.15
税金	元/m²	64.72	3.45
建安造价合计	元/m²	1874.11	100.00
人工、主要材料消耗量			
人工、材料名称	单位	单方用量	备注
人工	工日	2.25	
钢材	kg	23.32	不含构件中钢筋
商品混凝土	m³	0.17	不含构件中商品混凝土
预制构件	m³	0.170	

4. 装配式混凝土小高层住宅,PC率60%(±0.00以上)

指标编号		1-4		
项目名称		单位	金额	占比(%)
估算参考指标		元/m²	2277	100.00
其中	建安费用	元/m²	1935	85.00
	工程建设其他费用	元/m²	228	10.00
	预备费	元/m²	114	5.00
建筑安装工程单方造价				
项目名称		单位	金额	占总建安费用比例(%)
人工费		元/m²	252.00	13.02
材料费		元/m²	1458.00	75.34
机械费		元/m²	44.75	2.31
组织措施费		元/m²	31.44	1.62
企业管理费		元/m²	33.68	1.74
规费		元/m²	28.07	1.45
利润		元/m²	20.44	1.06
税金		元/m²	66.83	3.45
建安造价合计		元/m²	1935.21	100.00
人工、主要材料消耗量				
人工、材料名称		单位	单方用量	备注
人工		工日	2.10	
钢材		kg	18.41	不含构件中钢筋
商品混凝土		m³	0.14	不含构件中商品混凝土
预制构件		m³	0.204	

5. 装配式混凝土高层住宅，PC 率 20%（±0.00 以上）

指标编号	1-5		
项目名称	单位	金额	占比（%）
估算参考指标	元/m^2	2231.00	100.00
建安费用	元/m^2	1896.00	85.00
工程建设其他费用	元/m^2	223.00	10.00
预备费	元/m^2	112.00	5.00
建筑安装工程单方造价			
项目名称	单位	金额	占总建安费用比例（%）
人工费	元/m^2	345.60	18.23
材料费	元/m^2	1262.40	66.59
机械费	元/m^2	58.40	3.08
组织措施费	元/m^2	45.12	2.38
企业管理费	元/m^2	48.34	2.55
规费	元/m^2	40.28	2.12
利润	元/m^2	30.20	1.59
税金	元/m^2	65.47	3.45
建安造价合计	元/m^2	1895.81	100.00
人工、主要材料消耗量			
人工、材料名称	单位	单方用量	备注
人工	工日	2.88	
钢材	kg	48.96	不含构件中钢筋
商品混凝土	m^3	0.31	不含构件中商品混凝土
预制构件	m^3	0.078	

6. 装配式混凝土高层住宅,PC 率 40%(±0.00 以上)

指标编号	1-6		
项目名称	单位	金额	占比(%)
估算参考指标	元/m²	2396.00	100.00
建安费用	元/m²	2037.00	85.00
工程建设其他费用	元/m²	240.00	10.00
预备费	元/m²	120.00	5.00
建筑安装工程单方造价			
项目名称	单位	金额	占总建安费用比例(%)
人工费	元/m²	307.20	15.08
材料费	元/m²	1456.80	71.53
机械费	元/m²	54.50	2.68
组织措施费	元/m²	40.39	1.98
企业管理费	元/m²	43.28	2.12
规费	元/m²	36.06	1.77
利润	元/m²	28.05	1.38
税金	元/m²	70.33	3.45
建安造价合计	元/m²	2036.62	100.00
人工、主要材料消耗量			
人工、材料名称	单位	单方用量	备注
人工	工日	2.56	
钢材	kg	39.05	不含构件中钢筋
商品混凝土	m³	0.23	不含构件中商品混凝土
预制构件	m³	0.156	

7. 装配式混凝土高层住宅,PC 率 50%(±0.00 以上)

指标编号	1-7		
项目名称	单位	金额	占比(%)
估算参考指标	元/m^2	2478.00	100.00
建安费用	元/m^2	2106.00	85.00
工程建设其他费用	元/m^2	248.00	10.00
预备费	元/m^2	124.00	5.00
建筑安装工程单方造价			
项目名称	单位	金额	占总建安费用比例(%)
人工费	元/m^2	288.00	13.68
材料费	元/m^2	1554.00	73.79
机械费	元/m^2	52.55	2.50
组织措施费	元/m^2	38.03	1.81
企业管理费	元/m^2	40.75	1.93
规费	元/m^2	33.96	1.61
利润	元/m^2	25.83	1.23
税金	元/m^2	72.72	3.45
建安造价合计	元/m^2	2105.84	100.00
人工、主要材料消耗量			
人工、材料名称	单位	单方用量	备注
人工	工日	2.40	
钢材	kg	33.77	不含构件中钢筋
商品混凝土	m^3	0.20	不含构件中商品混凝土
预制构件	m^3	0.195	

8. 装配式混凝土高层住宅,PC 率 60%(±0.00 以上)

指标编号	1-8		
项目名称	单位	金额	占比(%)
估算参考指标	元/m^2	2559.00	100.00
建安费用	元/m^2	2175.00	85.00
工程建设其他费用	元/m^2	256.00	10.00
预备费	元/m^2	128.00	5.00
建筑安装工程单方造价			
项目名称	单位	金额	占总建安费用比例(%)
人工费	元/m^2	268.80	12.36
材料费	元/m^2	1651.20	75.93
机械费	元/m^2	50.60	2.33
组织措施费	元/m^2	35.67	1.64
企业管理费	元/m^2	38.22	1.76
规费	元/m^2	31.85	1.46
利润	元/m^2	23.25	1.07
税金	元/m^2	75.10	3.45
建安造价合计	元/m^2	2174.68	100.00
人工、主要材料消耗量			
人工、材料名称	单位	单方用量	备注
人工	工日	2.24	
钢材	kg	28.27	不含构件中钢筋
商品混凝土	m^3	0.16	不含构件中商品混凝土
预制构件	m^3	0.234	

二、装配式钢结构住宅工程投资估算指标(参考)

装配式钢结构高层住宅(±0.00以上)

指标编号		2-1		
项目名称		单位	金额	占比(%)
估算参考指标		元/m^2	2776	100.00
其中	建安费用	元/m^2	2360	85.00
	工程建设其他费用	元/m^2	278	10.00
	预备费	元/m^2	139	5.00
建筑安装工程单方造价				
项目名称		单位	金额	占总建安费用比例(%)
人工费		元/m^2	192.58	8.16
材料费		元/m^2	1699.20	72.00
机械费		元/m^2	153.40	6.50
组织措施费		元/m^2	66.08	2.80
企业管理费		元/m^2	70.80	3.00
规费		元/m^2	59.00	2.50
利润		元/m^2	37.52	1.59
税金		元/m^2	81.42	3.45
建安造价合计		元/m^2	2360	100.00
人工、主要材料消耗量				
人工、材料名称		单位	单方用量	备注
人工		工日	1.60	
钢材		kg	95.00	含构件钢筋用量

三、装配式建筑与传统建筑经济指标对比分析

<table>
<tr><th colspan="2">测算内容</th><th>造价上涨(%)</th><th>人工用量下降(%)</th><th>工期提前(%)</th><th>建筑垃圾减少(%)</th><th>建筑污水减少(%)</th><th>能耗降低(%)</th><th>备注</th></tr>
<tr><td rowspan="4">装配式混凝土建筑对比传统建筑</td><td>PC 率 20%</td><td>6 ~ 8</td><td>10</td><td>5</td><td>10</td><td>10</td><td>8</td><td rowspan="5">注:测算对象为 ± 0.00 以上部分</td></tr>
<tr><td>PC 率 30%</td><td>10 ~ 12</td><td>15</td><td>10</td><td>25</td><td>25</td><td>18</td></tr>
<tr><td>PC 率 40%</td><td>14 ~ 16</td><td>20</td><td>15</td><td>35</td><td>35</td><td>25</td></tr>
<tr><td>PC 率 50%</td><td>18 ~ 22</td><td>25</td><td>20</td><td>45</td><td>45</td><td>30</td></tr>
<tr><td colspan="2">装配式钢结构建筑对比传统建筑</td><td>30 ~ 35</td><td>30</td><td>30</td><td>45</td><td>45</td><td>30</td></tr>
<tr><td colspan="2">单元式幕墙对比普通幕墙</td><td>25 ~ 35</td><td>20</td><td>50</td><td>30</td><td>30</td><td>15</td><td></td></tr>
</table>

主编单位：浙江省建设工程造价管理总站

参编单位：辽宁省建设工程造价管理总站
四川省建设工程造价管理总站
贵州省建设工程造价管理总站
深圳市建设工程造价管理站
杭州市建设工程造价和投资管理办公室
宁波市建设工程造价管理处
沈阳市建设工程造价管理站
浙江省建筑设计研究院
哈尔滨工业大学

编制人员：张金星 季 挺 李江波 蔡临申 胡建明 丁 锋 吴敏彦 刘洪文 王建荣
秦 嘉 张苏琴 吴家鑫 王伟明 田洪杰 张 诚 张 波 杨 搏 张宗辉
张 宇 包 宏 李冬青 刘衍伟 张红标 钟文龙 曾奕辉 何江兰 周玉国
袁 琳 王 群 蒋慧杰 张守健 苏义坤 崔卫锋 何薛平 何粉叶 管乃彦
戴益兰 李志飚 方兴华 温运福 袁 波 何 颖 王 耀 颜万春 朱飞燕
陶李义 廖蓓蕾